国家级实验教学示范中心系列规划教材

普通高等院校机械类"十三五"规划实验教材

机械基础实验教程(非机械类)

(第二版)

主编　何军　冯梅

华中科技大学出版社

中国·武汉

内 容 简 介

　　本书主要面向近机械类及非机械类专业学生，主要内容包括机械设计基础课程实验内容、互换性与测量技术课程实验内容，具体包含机械认识类实验、机构测绘实验、机构创新实验、齿轮参数测定实验、齿轮展成实验、轴系结构设计实验、减速器拆装实验、塞规测量实验、齿轮偏差测量实验、直线度误差测量实验等。

　　附录提供了各实验对应的实验报告。

　　本书可供安全工程、过程控制与材料成形、热能与动力工程、核工程与核技术、无机非金属材料工程、食品安全与工程、资源科学与工程、高分子科学与工程等近机械类和非机械类专业本科教学使用。

图书在版编目(CIP)数据

机械基础实验教程：非机械类/何军，冯梅主编. —2 版. —武汉：华中科技大学出版社，2024.1
ISBN 978-7-5772-0329-4

Ⅰ.①机…　Ⅱ.①何…　②冯…　Ⅲ.①机械学-实验-高等学校-教材　Ⅳ.①TH11-33

中国国家版本馆 CIP 数据核字(2023)第 237462 号

机械基础实验教程(非机械类)(第二版)　　　　　　　　　　　　何　军　冯　梅　主编
Jixie Jichu Shiyan Jiaocheng (Feijixielei)(Di-er Ban)

策划编辑：万亚军
责任编辑：姚同梅
封面设计：原色设计
责任监印：周治超
出版发行：华中科技大学出版社(中国·武汉)　　　　电话：(027)81321913
　　　　　武汉市东湖新技术开发区华工科技园　　　　邮编：430223
录　　排：武汉市洪山区佳年华文印部
印　　刷：武汉开心印印刷有限公司
开　　本：787mm×1092mm　1/16
印　　张：5.5
字　　数：136 千字
版　　次：2024 年 1 月第 2 版第 1 次印刷
定　　价：19.80 元

第二版前言

本书经过几年的使用,在针对非机械类专业推广少学时机械基础实验方面取得了较好的效果。在使用过程中,编者发现本书还存在需要加以改进的地方。考虑到这一点,同时为了将编者在教学上新取得的经验、用到的方法融入教材,与时俱进,因此从以下方面对本书进行了修订:

(1) 对书中的一些文字内容进行了修改和完善;

(2) 按照新的国家标准的描述对部分内容进行了更新;

(3) 针对大部分实验提供了实验原理、实验设备使用方法和实验操作的讲解视频,以方便读者学习。视频以二维码形式嵌入书中相应位置,读者可通过手机扫描二维码观看。

本书的文字修订工作由何军、刘新育负责。参与实验视频拍摄制作的人员有冯梅、刘新育、何军,其中冯梅负责实验八、九、十三中视频的拍摄,刘新育负责实验十中视频的拍摄,其余视频由何军拍摄。视频编辑工作由何军完成。

编 者
2023 年 11 月

前　言

实验教学是工科专业教学中必不可少的教学环节,实验能使学生深入理解理论课程内容,并将理论知识与实际操作融会贯通,为将来的学以致用打下坚实基础。近年来,我国高校大大增加了对实验教学的投入,学生的实验学时数也相应增多,学生有了更多动手实验的机会。

本书主要面向近机械类及非机械类专业而编写,以方便机械设计基础及互换性与测量技术实验课程的教学。近机械类及非机械类专业的学生通常修读机械设计基础及互换性与测量技术课程,课程的实验内容一般较机械类专业为少,实验的总学时数亦较少,通常仅为 10～16 学时不等,若将机械类机械基础综合实验教程用于近机械类及非机械类专业则显得教材及实验报告内容过多,造成很大浪费。为减轻学生的负担,我们针对近机械类及非机械类专业的机械基础实验编写了本书。本书篇幅在机械类机械基础综合实验教程的基础上做了缩减,在教材内容编排上,主要针对常见的机械设计基础实验及可操作性较强的互换性实验项目做具体操作上的指导。互换性实验项目考虑采用较实用的实验内容,同时对实验设备的要求不高,没有采用万能工具显微镜等较昂贵的设备,方便更多学校进行实验教学。同时在教材后附上了相应的实验报告,方便学生完成实验数据的分析和填写。

本书可供安全工程、过程控制与材料成形、热能与动力工程、核工程与核技术、无机非金属材料工程、食品安全与工程、资源科学与工程、高分子科学与工程等近机械类和非机械类专业本科教学使用。

本书由何军、冯梅担任主编,具体编写分工为:冯梅编写实验一、二、五;何军编写实验三、四及实验六至实验十二;刘新育编写实验十三。

由于时间仓促,书中难免存在不足之处,敬请广大读者批评指正。

编　者
2016 年 10 月

目　　录

机械认识实验

一、实验目的

(1) 通过观察机械原理陈列柜展示的大量丰富的实际机械、机构模型、机电一体化设备及创新设计实例,增加对机械系统的感性认识,加深理解所学知识。

(2) 通过参观机械原理陈列柜开阔眼界,拓宽思路,学习创造性思维方法并激发创新的欲望,培养最基本的观察能力、动手能力和创造能力。

二、实验设备及工具

机械原理陈列柜和各种机构模型。

三、实验方法

通过观察机械原理陈列柜中各种机构的模型,结合图片与文字注释,认识机械原理课程中将要介绍的机构模型,通过声控解说,了解机构的组成和应用。

四、实验内容

在实验中认识机械原理陈列柜中各种机构模型。对各柜的介绍如表 1-1 所示。

表 1-1　机械原理陈列柜

柜序	柜名	说　　明
第一柜	机构的组成	通过对蒸汽机、内燃机模型的观察,我们可以看到,机器的主要组成部分是机构。简单机器可能只包含一种机构,比较复杂的机器则可能包含多种类型的机构。可以说,机器是能够完成机械功或转化机械能的机构的组合。 　　机构是机械原理课程研究的主要对象。那么,机构又是怎样组成的呢?通过对机构的分析,我们可以发现它由构件和运动副所组成。运动副是指两构件之间的可动连接。第一柜陈列有转动副、移动副、螺旋副、球面副和曲面副等的模型。

柜序	柜名	说　明
第二柜	平面连杆机构	平面连杆机构是应用广泛的机构,其中又以四杆机构最为常见。平面连杆机构的主要优点是能够实现多种运动规律和运动轨迹,而且结构简单、制造容易、工作可靠。 　　铰链四杆机构是连杆机构的基本形式。根据其两连架杆的运动形式不同,铰链四杆机构又可细分出曲柄摇杆机构、双曲柄机构和双摇杆机构三种基本类型。 　　除上述三种铰链四杆机构外,在实际机器中还广泛采用其他多种形式的四杆机构,它们可以说是由四杆机构的基本形式演化而成的。演化方式有:改变某些构件的形状,改变构件的相对长度,改变某些运动副的尺寸,或者选择不同的构件作为机架等等。
第三柜	平面连杆机构的应用	通过颚式碎矿机、飞剪、惯性筛、摄影平台升降机构、机车车轮的联动机构、鹤式起重机、牛头刨床的主体机构和曲柄冲床模型等八种应用实例,可以归纳出平面连杆机构在生产实际中所解决的两类基本问题:一是实现给定的运动规律;二是实现预期的运动轨迹。这也是设计连杆机构时所碰到的两类基本问题。
第四柜	空间连杆机构	只有低副、所有构件的运动平面不相互平行的机构称为空间连杆机构。 　　观察各种常用的空间连杆机构,如 RSSR 空间机构、4R 万向联轴器、RRSRR 机构、RCCR 联轴器、RCRC 揉面机构、6SARRUT 机构。
第五柜	凸轮机构	由凸轮、从动件与机架所组成的高副机构称为凸轮机构。凸轮机构常用于把主动构件的连续运动转变为从动件的严格遵循预定规律的运动。凸轮机构可以实现各种复杂的运动要求,结构简单紧凑,因此广泛应用于各种机械。凸轮机构的类型也很多,通常按凸轮的形状和从动杆的形状来分类。
第六柜	齿轮机构类型	在各种机器中,齿轮机构是应用最广泛的一种传动机构。常用的圆形齿轮机构种类很多,根据两齿轮啮合传动时其相对运动是平面运动还是空间运动,可分为平面齿轮机构和空间齿轮机构两大类。平面齿轮机构用于两平行轴之间的传动,常见的类型有直齿圆柱齿轮传动机构、斜齿圆柱齿轮传动机构和人字齿轮传动机构。
第七柜	轮系的类型	轮系,是指由一系列齿轮所组成的齿轮传动系统。轮系的类型很多,其组成也各种各样,根据轮系运转时各个齿轮的轴线相对机架的位置是否都是固定的,可将轮系分为定轴轮系和周转轮系两大类。 　　定轴轮系在运转时,各个齿轮轴线相对机架的位置是固定的,而周转轮系中至少有一个齿轮的轴线是做转动的。在周转轮系中:当自由度等于 1 时,该轮系称为行星轮系;当自由度等于 2 时,该轮系称为差动轮系。
第八柜	轮系的功用	在各种机械中,轮系的应用是十分广泛的,如利用轮系获得较大的传动比、利用轮系实现分路传动、利用轮系实现变速传动、利用轮系实现换向传动、利用轮系做运动的分解、利用轮系做运动的合成等。
第九柜	间歇运动机构	间歇运动机构是指从动件做单方向的、有规则的、时动时停的运动的一种机构。间歇运动机构广泛应用于各种需要非连续传动的场合。通过对齿式棘轮机构、摩擦式棘轮机构、超越离合器、外槽轮机构、内槽轮机构、不完全齿轮机构、摆线针轮不完全齿轮机构、凸轮式间歇运动机构、非圆齿轮间歇运动机构等的观察学习,了解间歇运动机构的特点和应用范围。

续表

柜序	柜名	说　明
第十柜	组合机构	由于实际生产对机构运动形式、运动规律和机构性能等方面要求的多样性和复杂性,以及单一机构性能的局限性,仅采用某一种基本机构往往不能满足设计要求,因而常需把几种基本机构联合起来组成一种组合机构。组合机构可以是同类基本机构的组合,也可以是不同类型基本机构的组合。常见的组合方式有串联、并联、反馈以及叠加等。

五、实验步骤

（1）认真阅读和掌握教材中相关部分的理论知识；

（2）按照机械原理陈列柜所展示的零部件顺序,由浅入深、由简单到复杂进行参观认知,指导教师做简要讲解；

（3）仔细观察和讨论各种机械零部件的结构、类型、特点及应用范围；

（4）认真完成实验报告。

六、实验注意事项

在实验中应严格遵守实验室实验规则。对各种模型进行观察和分析后,将其放回原处,不得损坏或随意放置。

机械零件认识实验

一、实验目的

(1) 初步了解机械设计课程所研究的各种常用零件的结构、类型、特点及应用。

(2) 了解各种标准件的结构形式及相关的国家标准。

(3) 了解各种传动机构的特点及应用。

(4) 增强对各种零部件的结构及机器的感性认识。

二、实验设备及工具

机械设计陈列柜和各种机构模型。

三、实验方法

学生通过对实验指导书的学习及对机械设计陈列柜中的各种零件的观察,以及通过实验教学人员的介绍、答疑去熟悉机器常用的基本零件,将理论与实际对应起来,从而增强对机械零件的感性认识。

四、实验内容

认识机械设计陈列柜中的各种机构模型。对各柜的介绍如表 2-1 所示。

表 2-1　机械设计陈列柜

柜序	柜名	说　明
第一、二柜	螺纹连接	螺纹零件是利用螺纹连接而工作的,螺纹连接主要用于紧固零件,基本要求是保证连接强度及连接可靠性。 (1) 螺纹的种类:常用的螺纹主要有普通螺纹、梯形螺纹、矩形螺纹和锯齿螺纹,前一种主要用于连接,后三种主要用于传动。除矩形螺纹外,其他的螺纹都已标准化。除管螺纹保留寸制外,其余螺纹都采用米制。 (2) 螺纹连接的基本类型:常用的有普通螺栓连接,双头螺柱连接、螺钉连接及紧定螺钉连接。除此之外,还有一些特殊的螺纹连接。如专门用于将机座或机架固定

续表

柜序	柜名	说　明
第一、二柜	螺纹连接	在地基上的地脚螺栓连接,装在大型零部件的顶盖或机器外壳上以便于起吊的吊环螺钉连接及应用在设备中的 T 形槽螺栓连接等。 （3）螺纹连接的防松:防松的根本问题在于防止螺旋副在受载时发生相对转动。防松的方法按工作原理可分为摩擦防松、机械防松及铆冲防松等。摩擦防松简单、方便,但没有机械防松可靠。对重要连接,特别是在机器内部的不易检查的连接,应采用机械防松。常见的摩擦防松方法有对顶螺母防松、弹簧垫圈防松及自锁螺母防松等;机械防松方法有开口销与六角开槽螺母防松、止动垫圈防松及串联钢丝防松等;铆冲防松主要是将螺母拧紧后把螺栓末端伸出部分铆死,或利用冲头在螺栓末端与螺母的旋合处打冲,利用冲点防松。 （4）提高螺纹连接强度的措施。 ① 改善螺纹牙间的载荷分布情况。 为改善旋合螺纹上的载荷分布不均匀程度,可采用悬置螺母或环槽螺母。 ② 减少或避免附加应力、减少应力集中。 被连接件、螺母或螺栓头部的支承面粗糙、被连接件因刚度不够而弯曲、钩头螺栓以及装配不良等都会使螺栓中产生附加弯曲应力。对此,应从结构或工艺上采取措施,如规定螺纹紧固件与连接件支承面的加工精度和要求,在粗糙表面上采用经切削加工的凸台或沉头座,采用球面垫圈或斜垫圈等。 螺栓上的螺纹(特别是螺纹的收尾)、螺栓头和螺栓杆的过渡处以及螺栓横截面面积发生变化的部位都会产生应力集中。为减少应力集中,可采用较大的圆角和卸载结构,等等。 通过参观螺纹连接陈列柜,应区分出:① 普通螺纹、管螺纹、梯形螺纹和锯齿螺纹;② 普通螺纹连接、双头螺纹连接、螺钉及紧定螺钉连接;③ 摩擦防松与机械防松的零件。 标准连接零件一般是由专业企业按国标(GB)成批生产、供应市场的零件,这类零件的结构形式和尺寸都已标准化,设计时可根据有关标准选用。通过实验学生要能区分螺栓与螺钉,能了解各种标准化零件的结构特点、使用情况,了解各类零件有哪些标准代号,以提高学生的标准化意识。 （1）螺栓:一般是与螺母配合使用以连接被连接零件,不需在被连接的零件上加工螺纹。螺栓连接结构简单,装拆方便,种类较多,应用最广泛。 （2）螺钉:螺钉连接不用螺母,而是紧定在被连接件之一的螺纹孔中。其结构与螺栓相同,但头部形状较多,以适应不同装配要求。常用于结构紧凑场合。 （3）螺母:螺母形式很多,按形状可分为六角螺母、四方螺母及圆螺母,按连接用途可分为普通螺母、锁紧螺母及悬置螺母等。应用最广泛的是六角螺母及普通螺母。 （4）垫圈:垫圈有平垫圈、弹簧垫圈及锁紧垫圈等种类。平垫圈主要用于保护被连接件的支承面,弹簧垫圈及锁紧垫圈主要用于摩擦和机械防松。 （5）挡圈:常用于轴端零件固定之用。 以上零件的国家标准可参考有关设计手册或教科书。
第三柜	键、花键及销连接	（1）键连接:键是一种标准零件,通常用来实现轴与轮毂之间的周向固定以传递转矩,有的还能实现轴上零件的轴向固定或轴向滑动导向。其主要类型有:平键连接、楔键连接和切向键连接。各类键使用的场合不同,键槽的加工工艺也不同。可根据键连接的结构特点、使用要求和工作条件来选择,键的尺寸则应符合标准规格和强度要求。

柜序	柜名	说　明
第三柜	键、花键及销连接	（2）花键连接：花键连接由外花键和内花键组成，可用于静连接或动连接，适用于定心精度要求高、载荷大或经常滑移的场合。花键连接的齿数、尺寸、配合等均按标准选取。花键按齿形可分为矩形花键和渐开线形花键。矩形花键由于是多齿工作，具有承载能力高、对中性好、导向性好、齿根较浅、应力集中程度较轻、轴与毂强度削弱小等优点，广泛应用在飞机、汽车、拖拉机、机床及农业机械传动装置中；渐开线形花键受载时齿上有径向力，能起到定心作用，使各齿受力均匀，有承载强度大、寿命长等特点，主要用于载荷较大、定心精度要求较高及尺寸较大的连接。 （3）销连接：销用来固定零件之间的相对位置时，称为定位销，它是组合加工和装配时的重要辅助零件；用于连接时，称为连接销，可传递不大的载荷；作为安全装置中的过载剪断元件时，称为安全销。 销有多种类型，如圆锥销、槽销、销轴和开口销等，均已标准化。各种销都有各自的特点，如：圆柱销多次拆装会降低定位精度和可靠性；圆锥销在受横向力时可以自锁，安装方便，定位精度高，多次拆装不影响定位精度。 参观陈列柜时，要仔细观察以上几种连接的结构、使用场合，并能分清和认识以上各类零件。
第四柜	铆接、焊接、胶接和过盈配合连接	（1）铆接：通过铆钉实现的连接称为铆接。它是一种使用方法简单的机械连接，主要由铆钉和被连接件组成。铆缝结构形式通常包括搭接、单盖板对接和双盖板对接。铆接具有工艺设备简单、抗振、耐冲击和牢固可靠等优点，在桥梁、建筑、造船等工业部门广泛使用。 （2）焊接：通过焊条与热熔合的方式将被连接件连接在一起的操作称为焊接。焊接的方法如电焊、气焊和电渣焊等。按焊缝形式区分，焊接包括正接填角焊、搭接填角焊、对接焊和塞焊等。 （3）胶接：通过胶粘剂实现的连接称为胶接。胶接是指利用胶粘剂在一定条件下把预制元件连接在一起，具有一定的连接强度。如陈列的板件接头、圆柱形接头、锥形及盲孔接头、角接头等均采用了胶接的方法。胶接的承载能力、耐久性相对焊接低一些，胶接在常温作业时不改变被连接件的局部性能，焊接因高温作业会改变被连接件的局部性能。 （4）过盈配合连接：采用过盈配合而实现的连接称为过盈配合连接。它是利用零件间的配合过盈来达到连接的目的的。如陈列的圆柱面过盈配合连接。
第五、六、七、八柜	机械传动机构	机械传动机构有螺旋传动、带传动、链传动、齿轮传动及蜗杆传动机构等。各种传动机构都有不同的特点和使用范围。 （1）螺旋传动机构：螺旋传动机构是利用螺纹零件工作的，传动件要求保证螺旋副的传动精度、效率和磨损寿命等。其螺纹种类有矩形螺纹、梯形螺纹、锯齿形螺纹等。螺旋传动用的螺旋按其用途可分传力螺旋、传导螺旋及调整螺旋三种，按摩擦性质不同可分为滑动螺旋、滚动螺旋及静压螺旋等。 （2）带传动机构：带因受预紧力作用被张紧而压在两个带轮上，主动带轮通过摩擦带动传动带，再通过摩擦带动从动带轮转动。带传动机构具有传动中心距大、结构简单、易超载打滑（减速）等特点。常有平带传动、V带传动、多楔带传动及同步带传动机构等。 （3）链传动机构：主动链轮带动链以后，又通过链带动从动链轮。链传动属于带有中间挠性件的啮合传动。与属于摩擦传动的带传动相比，链传动无弹性滑动和打滑

柜序	柜名	说　　明
第五、六、七、八柜	机械传动机构	现象,能保持准确的平均传动比,传动效率高。链传动按用途不同可分为传动链传动、输送链传动和起重链传动。输送链和起重链主要用在运输和起重机械中,而在一般机械传动中常用传动链。传动链有短节距精密滚子链(简称滚子链)、套筒滚子链、齿形链等。齿形链又称无声链,其主要特点是传动平稳、无噪声、承受冲击性能好、工作可靠。链轮是链传动机构的主要零件,链轮齿形已标准化,链轮设计主要是确定其结构尺寸,选择材料及热处理方法等。 　　(4)齿轮传动机构:齿轮传动是机械传动中最重要的传动形式之一。齿轮传动机构结构形式多、应用广泛。其主要特点是:效率高、结构紧凑、工作可靠、传动稳定等。可做成开式、半开式及封闭式传动机构。常用的渐开线齿轮传动机构有直齿圆柱齿轮传动机构、斜齿圆柱齿轮传动机构、标准锥齿轮传动机构、圆弧齿圆柱齿轮传动机构等。齿轮的啮合方式有内啮合、外啮合、齿轮与齿条啮合等。参观时一定要了解各种齿轮特征,主要参数的名称及几种失效形式的主要特征,使实验在真正意义上与理论教学产生互补作用。 　　(5)蜗杆传动机构:蜗杆传动机构是在空间交错的两轴间传递运动和动力的一种传动机构,蜗轮与蜗杆轴线交错的夹角可为任意角,常用的为$90°$。 　　蜗杆传动有下述特点:当使用单头蜗杆(相当于单线螺纹)时,蜗杆旋转一周,蜗轮只转过一个齿距,因此能实现大传动比。在动力传动中,一般传动比 $i=5\sim80$;在分度机构或手动机构的传动中,传动比可达 300;若只传递运动,传动比可达 1000。由于传动比大,零件数目又少,因而结构很紧凑。蜗杆齿是连续不断的螺旋齿,与蜗轮啮合时是逐渐进入与逐渐退出的,故在传动中冲击载荷小,传动平衡、噪声低。 　　根据蜗杆形状不同,分为圆柱蜗杆传动、环面蜗杆传动和锥面蜗杆传动。通过实验学生应了解蜗杆传动结构及蜗杆减速器的种类和形式。
第九、十、十一、十二、十三、十四柜	轴系零、部件	(1)轴承:轴承是现代机器中广泛应用的部件之一。根据摩擦性质不同,轴承分为滚动轴承和滑动轴承两大类。滚动轴承由于摩擦因数小,启动阻力小,而且它已标准化,选用、润滑、维护都很方便,因此在机器中应用较广。滑动轴承按其承受载荷方向的不同分为径向滑动轴承和止推轴承;按润滑表面状态不同又可分为液体润滑轴承、不完全液体润滑轴承和无润滑轴承(指工作时不加润滑剂);根据液体润滑承载机理不同,又可分为液体动力润滑轴承(简称液体动压轴承)和液体静压润滑轴承(简称液体静压轴承)。学生通过实验主要应了解各类轴承的结构及特征。 　　(2)轴:轴是组成机器的主要零件之一。一切做回转运动的传动零件(如齿轮、蜗轮等),都必须安装在轴上才能进行运动及动力的传递。轴的主要功用是支承回转零件及传递运动和动力。 　　按承受载荷的不同,可分为转轴、心轴和传动轴三类;按轴线形状不同,可分为曲轴和直轴两大类,直轴又可分为光轴和阶梯轴。光轴形状简单,加工容易,应力集中源少,但轴上的零件不易装配及定位;阶梯轴正好与光轴相反。所以光轴主要用作心轴和传动轴,阶梯轴则常用作转轴。此外,还有一种钢丝软轴(挠性轴),它可以把回转运动灵活地传到不开敞的空间位置。 　　轴看似简单,但关于轴的知识内容比较丰富,可通过理论学习及实践知识的积累(多看、多观察)逐步掌握。
第十五柜	弹簧	弹簧是一种弹性元件,它可以在载荷下作用产生较大的弹性变形,在各类机械中应用十分广泛。其主要应用如下:

柜序	柜名	说　明
第十五柜	弹簧	① 控制机构的运动,如制动器、离合器中的控制弹簧,内燃机气缸的阀门弹簧等。 ② 减振和缓冲,如汽车、火车车厢下的减振弹簧,及各种缓冲器用的弹簧等。 ③ 储存及输出能量,如钟表弹簧、枪内弹簧等。 ④ 测量力的大小,如测力器和弹簧秤中的弹簧等。 弹簧的种类比较多,按承受的载荷不同可分为拉伸弹簧、压缩弹簧、扭转弹簧及弯曲弹簧四种,按形状不同又可分为螺旋弹簧、环形弹簧、碟形弹簧、板簧和平面盘簧等。参观时要注意各种弹簧的结构、材料,并能与名称对应起来。
第十六柜	减速器	减速器是指原动机与工作机之间的传动装置,用来增大转矩和降低转速。减速器的种类有单级圆柱齿轮减速器、二级展开式圆柱齿轮减速器、圆锥齿轮减速器、圆锥-圆柱齿轮减速器、蜗杆齿轮减速器。无论哪种减速器都是由箱体、传动件、轴系零件及附件组成的。箱体用于支承和固定轴系、轴承部件并提供润滑密封条件,箱体一般由铸铁制造。窥视孔用于检查箱体内部情况,游标用于检查箱内油面高度,油塞用于更换污油,通气器用于平衡箱体内外气压,定位销用于保证箱体轴承座孔加工精度,启盖螺钉用于拆分箱体。
第十七柜	密封件	机器在运转过程中及气动、液压传动中需要润滑(气、油润滑)、冷却、传力保压等,在零件的接合面、轴的伸出端等处容易产生油、脂、水、气等的渗漏。为了防止这些渗漏,在这些地方常要采用一些密封措施。密封方法有很多,如填料密封、机械密封、O型圈密封,以及迷宫式密封、离心密封、螺旋密封等。 密封广泛应用在泵、水轮机、阀、压气机、轴承、活塞等部件中,学生在参观时应认清各类密封件及其应用场合。
第十八柜	小型机械结构设计实例	此柜中展示了常用的简单小型机械设计实例,机械外壳被剖开以方便观察内部结构。小型机械一般由动力装置、传动装置、工作装置和机架外壳、控制电路组成。小型机械的动力装置大多采用小型电动机。传动装置则根据工作特点采用不同的传动方式。例如木工电刨和粉碎机采用带传动,电动剪刀和角磨机采用蜗杆传动,榨汁机、家用压面机和手电钻采用齿轮传动。高速运转场合如手电钻和雕刻机采用了轴承支承。

五、实验步骤

(1) 认真阅读和掌握教材中相关部分的理论知识。

(2) 按照机械设计陈列柜所展示的零部件顺序,由浅入深、由简单到复杂进行参观认知,指导教师简要讲解。

(3) 仔细观察和讨论各种机械零部件的结构、类型、特点及应用范围。

(4) 认真完成实验报告。

六、实验注意事项

在实验中应严格遵守实验室实验规则。对各种模型进行观察和分析后,将其放回原处,不得损坏或任意放置。

单缸柴油发动机拆装实验

一、实验目的

详细了解单缸内燃机的组成和工作原理,弄清楚机器各部分的功能及相互间的运动配合关系,熟悉主要零部件的结构、安装和连接方式;对机器的组成和装配过程有初步的认识,对机构及其形式有初步的认识,对主要零部件的组成、形状和功用有初步的认识。

通过拆卸、观察和重新组装单缸四冲程水冷柴油发动机,认识其基本机械结构,从而增强对机械原理、机械设计等专业基础课程的学习兴趣。

二、实验设备和工具

(1)单缸四冲程水冷柴油发动机。
(2)拆卸工具一套(活动扳手、梅花扳手、呆扳手等)。

三、实验原理

柴油发动机是由许多零部件组成并协调完成能量转换工作的一种动力机械。柴油发动机按其功能可分为机体组件、气缸盖组件、曲柄连杆机构、配气机构、空气供给系统、燃油供给系统、润滑系统、冷却系统、启动系统等。

1. 发动机的分类

发动机的分类如表 3-1 所示。

表 3-1　发动机的分类

分类方法	名称	说　　明
按所用燃料分类	汽油发动机	汽油发动机转速高,质量小,噪声小,启动容易,制造成本低。
	柴油发动机	柴油发动机转速低,质量大,噪声大,经济性能好。
按行程分类	四行程发动机	曲轴转两圈(720°),活塞在气缸内上下往复运动四个行程,完成一个工作循环的发动机称为四行程发动机。
	二行程发动机	曲轴转一圈(360°),活塞在气缸内上下往复运动两个行程,完成一个工作循环的发动机称为二行程发动机。

续表

分类方法	名称	说　　明
按冷却方式分类	水冷发动机	水冷发动机以在气缸体和气缸盖冷却水套中进行循环的冷却液作为冷却介质进行冷却。
	风冷发动机	风冷发动机以流动于气缸体与气缸盖外表面散热片之间的空气作为冷却介质进行冷却。
按气缸数目分类	单缸发动机	仅有一个气缸的发动机称为单缸发动机。
	多缸发动机	有两个以上气缸的发动机称为多缸发动机。
按气缸排列方式分类	单列式发动机	单列式发动机的各个气缸排成一列,一般是垂直布置,但为了降低高度,有时也把气缸布置成倾斜甚至水平的。
	双列式发动机	双列式发动机的气缸排成两列。若两列之间的夹角小于180°(一般为90°),为V形发动机;若两列之间的夹角等于180°,为对置式发动机。
按进气系统是否采用增压方式分类	自然吸气(非增压)式发动机	汽油发动机常采用自然吸气式。
	强制进气(增压)式发动机	柴油发动机多采用强制进气式。

2. 发动机的工作原理

1) 四冲程汽油发动机的工作原理

四冲程汽油发动机是通过进气行程、压缩行程、做功行程和排气行程完成一个工作循环的,图 3-1 为单缸四冲程汽油发动机工作原理示意图。

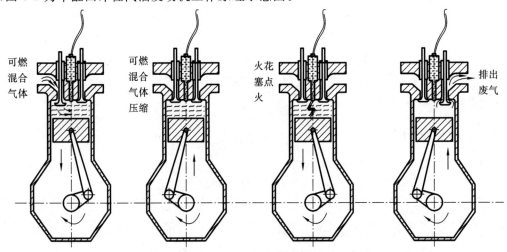

可燃混合气体　　　可燃混合气体压缩　　　火花塞点火　　　排出废气

图 3-1　单缸四冲程汽油发动机工作原理示意图

(1)进气行程　进气行程具体如下。

① 活塞由曲轴带动从上止点向下止点运动。曲轴的功用是将气体压力转化为力矩,带动飞轮旋转,再带动工作机。

② 进气门开启,排气门关闭。

③ 由于活塞下移,活塞上腔容积增大,形成一定真空度,在真空吸力的作用下,空气与汽油形成的混合气经进气门被吸入气缸。当活塞运动到下止点时,进气门关闭,进气行程结束。

(2) 压缩行程　压缩行程具体如下。

① 活塞在曲轴的带动下,从下止点向上止点运动。

② 进、排气门均关闭。

③ 随着活塞上移,活塞上腔容积不断减小,混合气被压缩,当活塞到达上止点时,压缩行程结束。在压缩过程中,气体压力和温度同时升高。压缩终了时,气缸内的压力为 600~1500 kPa,温度为 600~800 K,远高于汽油的点燃温度[①]。

(3) 做功行程　压缩行程末,火花塞产生电火花,点燃气缸内的可燃混合气,使其迅速着火燃烧,产生高温、高压。在气体压力的作用下,活塞由上止点向下止点运动,再通过连杆驱动曲轴旋转向外输出做功,当活塞运动到下止点时,做功行程结束。活塞在汽缸中做往复直线运动,在燃烧膨胀过程中活塞受到气体压力,通过连杆推动曲轴旋转。

在做功行程中,进、排气门均关闭。在做功过程中,开始阶段气缸内气体压力、温度急剧上升,瞬时压力可达 3~5 MPa,瞬时温度可达 2200~2800 K。随着活塞的下移,压力、温度下降,做功行程终了时,压力为 300~500 kPa,温度为 1500~1700 K。

(4) 排气行程　在做功行程终了时,排气门被打开,活塞在曲轴的带动下由下止点向上止点运动;废气在自身的剩余压力作用和活塞的驱赶下,自排气门排出气缸,当活塞运动到上止点时,排气门关闭,排气行程结束。

排气终了时,由于燃烧室容积的存在,气缸内还存有少量废气,气体压力也因排气门和排气道等有阻力而高于大气压。此时,压力为 105~125 kPa,温度为 900~1200 K。

排气行程结束后,进气门再次开启,又开始下一个工作循环,如此周而复始,发动机就实现自行运转。

2) 四冲程柴油发动机的工作原理

如图 3-2 所示,四冲程柴油发动机和四冲程汽油发动机工作原理一样,每个工作循环也是由进气、压缩、做功和排气四个行程所组成的。但柴油和汽油性质不同,柴油发动机在可燃混合气的形成、着火方式等方面与汽油机有较大区别。下面主要介绍其与汽油发动机工作原理不同之处。

(1) 进气行程　进气行程不同于汽油机的是进入气缸的不是混合气,而是纯空气。

(2) 压缩行程　压缩行程压缩的是纯空气。由于柴油发动机压缩比大,压缩终了的温度和压力都比汽油机高,压力可达 3~5 MPa,温度可达 800~1000 K。

(3) 做功行程　压缩行程末,喷油泵将高压柴油经喷油器呈雾状喷入气缸内的高温空气中,柴油迅速汽化并与空气形成可燃混合气。因为此时气缸内的温度远高于柴油的自燃温度[②],柴油自行着火燃烧,且随后的一段时间内边喷边燃烧,气缸内的温度、压力急剧升高,推动活塞下行做功。

注:① 点燃温度是指燃料在空气中移近火焰时,其表面上的燃料蒸气能够被点着的最低环境温度。汽油的点燃温度很低,约为 263 K;柴油的点燃温度高,为 313~359 K。

② 自燃温度是指燃料不与火焰接近,能够自行燃烧的最低环境温度。柴油的自燃温度低,为 473~573 K;汽油的自燃温度高,约为 653 K。

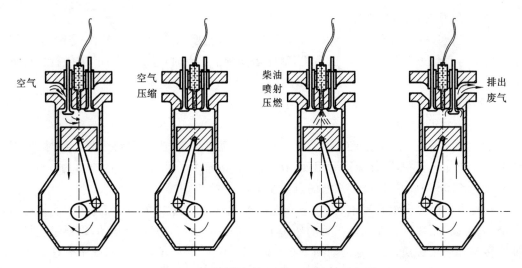

空气

空气
压缩

柴油
喷射
压燃

排出
废气

图 3-2 四冲程柴油发动机工作原理示意图

做功行程中,瞬时压力可达 5～10 MPa,瞬时温度可达 1800～2200 K;做功终了,压力为 200～400 kPa,温度为 1200～1500 K。

(4)排气行程 柴油发动机排气行程与汽油发动机排气行程基本相同。

3. 发动机的基本构造

发动机是由许多机构和系统组成的复杂机器(见图 3-3)。无论是汽油发动机还是柴油发动机,无论是四行程发动机还是二行程发动机,无论是单缸发动机还是多缸发动机,要完成能量转换,实现工作循环,保证长时间连续正常工作,都必须具有以下的机构和系统。

1)曲柄连杆机构

曲柄连杆机构是发动机实现工作循环、完成能量转换的主要机构。它由机体组、活塞连杆组和曲轴飞轮组等组成。在做功行程中,活塞承受燃气压力在气缸内做直线运动,通过连杆转换成曲轴的旋转运动,并从曲轴对外输出动力。而在进气、压缩和排气行程中,飞轮释放能量,又把曲轴的旋转运动转化成活塞的直线运动。小功率柴油机大部分依靠飞轮、曲柄平衡块抵消运行旋转惯性力产生的振动。

2)配气机构

配气机构(见图 3-4)的功用是根据发动机的工作顺序和工作过程,定时开启和关闭进气门和排气门,使可燃混合气或空气进入气缸,并使废气从气缸内排出,实现换气过程。配气机构大多采用顶置气门式配气机构,一般由气门组、气门传动组和气门驱动组组成。

3)燃料供给系统

汽油发动机燃料供给系统的功用是根据发动机的要求,配制出一定数量和浓度的混合气,供入气缸,并将燃烧后的废气从气缸排到大气中;柴油机燃料供给系统的功用是把柴油和空气分别供入气缸,在燃烧室内形成混合气并燃烧,最后将燃烧后的废气排出。

4)润滑系统

润滑系统的功用是向相对运动的零件表面输送定量的清洁润滑油,以实现液体摩擦,减小摩擦阻力,减轻机件的磨损,并对零件表面进行清洗和冷却。润滑系统通常由润滑油道、机油泵、机油滤清器和一些阀门等组成。

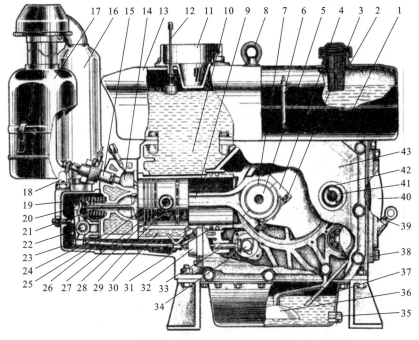

图 3-3 单缸柴油发动机结构

1—油箱;2—加油滤网;3—连杆螺栓;4—连杆盖;5—曲轴;6—塑料管;7—连杆轴瓦;8—吊环;9—连杆;10—冷却水;
11—水箱漏斗;12—浮子;13—水箱;14—燃烧室;15—喷油器;16—消声器;17—空气滤清器;18—机油指示器;
19—汽缸盖罩;20—摇臂;21—进气门;22—摇臂轴;23—调整螺钉;24—气缸盖;25—推杆;26—活塞;27—气缸套;
28—活塞销;29—挡圈;30—冷却水;31—水封圈;32—喷油泵;33—挺杆;34—凸轮轴;35—放油螺塞;
36—机油集滤器;37—油底壳;38—后盖;39—机油尺;40—飞轮;41—启动轴;42—油封;43—齿轮室盖

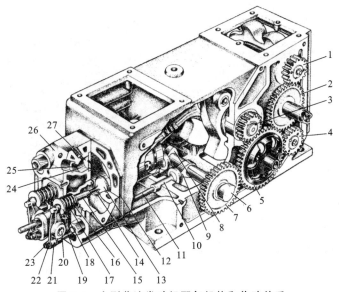

图 3-4 小型柴油发动机配气机构和传动关系

1、4—平衡轴齿轮;2—启动齿轮;3—曲轴正时齿轮;5—调速器齿轮;6—喷油泵凸轮;7—凸轮轴正时齿轮;
8—排气凸轮;9—进气凸轮;10—挺杆;11—推杆;12—气缸垫;13—进气门;14—气门座圈;15—气门导管;
16—内弹簧;17—外弹簧;18—气门弹簧座;19—气门锁夹;20—摇臂轴;21—摇臂;22—锁紧螺母;
23—调整螺栓;24—涡流式燃烧室;25—喷油器安装孔;26—气缸盖;27—燃烧室镶块

5）冷却系统

冷却系统的功用是将零件吸收的部分热量及时散发出去,保证发动机在最适宜的温度状态下工作。水冷发动机的冷却系统通常由冷却水套、水泵、风扇、水箱、节温器等组成。

6）点火系统

在汽油发动机中,气缸内的可燃混合气是靠电火花点燃的,为此在汽油机的气缸盖上装有火花塞,火花塞头部伸入燃烧室内。能够按时在火花塞电极间产生电火花的全部设备称为点火系统,点火系统通常由蓄电池、发电机、分电器、点火线圈和火花塞等组成。

7）启动系统

要使发动机由静止状态过渡到工作状态,必须先用外力转动发动机的曲轴,使活塞做往复运动,气缸内的可燃混合气燃烧并膨胀做功,推动活塞向下运动并使曲轴旋转。这样发动机便会自行运转,工作循环将自动进行。从曲轴在外力作用下开始转动到发动机自动地怠速运转的全过程,称为发动机的启动。完成启动过程所需的装置称为发动机的启动系统。

4. 柴油机主要零部件

柴油机主要由气缸盖总成、曲轴箱总成、活塞连杆总成、曲轴飞轮总成、凸轮轴总成、空气滤清器总成、消声器总成、燃料系统总成、冷却装置总成、喷油泵和喷油器总成、调速装置总成(见图 3-5)等主要零部件组成。

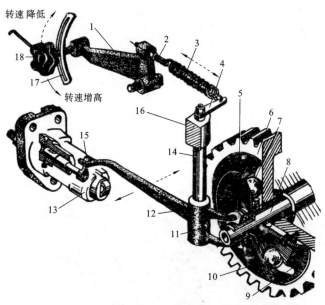

图 3-5　柴油发动机调速器机构工作原理图

1—调速连接杆;2—调节螺钉;3—调速弹簧;4—调速臂;5—向心推力轴承;6—调速齿轮;7—钢球;
8—调速齿轮轴;9—调速支架;10—调速滑盘;11—圆柱销;12—调速杠杆;13—喷油泵;14—调速杆;
15—调节臂圆球;16—齿轮室盖;17—转速指示盘;18—调速手柄

四、实验内容

（1）每个小组按要求拆卸一台单缸柴油发动机,并在规定时间内将其组装起来,恢复到初始状态。要正确使用工具,注意安全。

（2）仔细观察拆开部分的内部结构，弄清活塞、连杆、曲轴的结构组成、连接及运动情况，弄清凸轮及气门挺杆的结构和运动，掌握曲柄滑块机构和凸轮机构各自的运动特点及两者之间的运动匹配情况；认识曲柄、轴承、飞轮，初步建立机械平衡的概念。

（3）弄清单缸发动机中的齿轮传动机构，了解变速箱的变速原理，了解获得不同的速度和转向的方法。

（4）在拆装过程中理解螺纹连接的功用和方式，熟悉螺纹连接零件。

（5）简要阐述单缸内燃机的功用、工作原理和组成。

五、实验步骤

（1）认真阅读和掌握教材中相关部分的理论知识。

（2）拆装实验以每 4 个或 5 个同学为一组进行。

（3）在指导教师指导下拆卸柴油发动机的水箱、油箱、齿轮室盖、后盖。

（4）用手转动飞轮，观察柴油发动机曲轴运转情况。

（5）装配柴油发动机的水箱、油箱、齿轮室盖、后盖。

（6）按要求完成实验报告。

六、实验注意事项

（1）实验过程中要握紧工具，防止工具脱手伤人。在旋松或拧紧的过程中，要注意防止螺母擦伤，控制拧螺母的扭力以防止螺母打滑或被拧断。

（2）实验过程中未经允许不许摇动启动手把。

（3）要轻拿轻放零件和工具，拆下的零件要摆放整齐，防止损坏或丢失零件。

（4）在实验过程中要注意身边其他同学的位置和动作，防止自己受伤或造成他人受伤。

（5）实验过程中严禁喧哗。

平面机构运动简图测绘实验

一、实验目的

(1) 掌握根据各种机构实物或模型绘制机构运动简图的方法。
(2) 验证机构自由度的计算公式,判断机构是否具有确定运动。
(3) 分析某些四杆机构的演化过程。

二、实验设备和工具

(1) 各类机构的模型和实物。
(2) 钢板尺、量角器、内外卡钳等。
(3) 学生自备文具:三角尺、圆规、铅笔、橡皮和草稿纸等。

三、实验原理

由于机构的运动仅与机构中构件的数目和构件所组成的运动副数目、类型和相对位置有关,因此,可以撇开构件的实际外形和运动副的具体构造,用简单的线条来表示构件,用规定的或惯用的符号来表示运动副,并按一定的比例画出运动副的相对位置,这种简单的图形即为机构运动简图。

四、实验步骤

(1) 使被测机构缓慢运动,从原动件开始,循着传动路线观察机构的运动,分清各个运动单元,确定组成机构的构件数目。
(2) 根据直接相连接两构件的接触情况及相对运动性质,确定运动副的种类。
(3) 选择能清楚表达各构件相互关系的投影面,从原动件开始,按传动路线用规定的符号,画出机构运动示意图,再仔细测量与机构有关的尺寸,按确定的比例画出机构运动简图,用数字 1、2、3……分别标注各构件,用字母 A、B、C……分别标注各运动副。

绘图比例尺为

$$\mu_{\mathrm{L}} = \frac{构件实际长度(\mathrm{m})}{简图上所画构件的长度(\mathrm{mm})}$$

（4）分析机构运动的确定性，计算机构运动的自由度。

机构具有确定运动的条件是：机构的自由度大于零且等于原动件数目。

五、机构运动简图的测绘示例

如图 4-1(a)所示为一偏心轮机构。试绘出该偏心轮机构的运动简图，并计算其自由度。

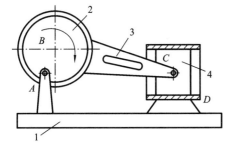 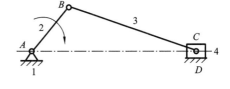 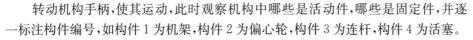

（a）偏心轮机构示意图　　　　　　　　（b）偏心轮机构运动简图

图 4-1　偏心轮机构

1—机架　2—偏心轮　3—连杆　4—活塞

1. 机构简图的测绘步骤

1）观察机构并为构件编号

转动机构手柄，使其运动，此时观察机构中哪些是活动件，哪些是固定件，并逐一标注构件编号，如构件 1 为机架，构件 2 为偏心轮，构件 3 为连杆，构件 4 为活塞。

2）判断各构件间运动副性质

反复转动手柄，判定：构件 2 与构件 1 的相对运动是绕点 A 的转动，故构件 2 与构件 1 在点 A 处组成转动副；构件 3 与构件 2 的相对运动是绕偏心轮 2 的圆心 B 的转动，故构件 3 与构件 2 在点 B 处组成转动副；构件 4 与构件 3 绕点 C 相对转动，故构件 4 与构件 3 在点 C 处组成转动副；构件 4 与构件 1 沿水平方向 X—X 相对移动，故构件 4 与构件 1 组成方向线为 X—X 的移动副。

3）确定运动副及构件符号

对于只有两个转动副的构件，不管其实际形状如何，都只用两转动副之间的连线来代表，例如直线 AB 代表构件 2，直线 BC 代表构件 3。对于具有移动副的构件，不管其截面形状如何，都用滑块表示，例如滑块 4，并通过滑块上转动副的中心画出中心线，代表两构件相对移动的方向线。机架用斜线来表示，以便与活动件相区别，例如构件 1。原动件加箭头表示，以便与从动件相区别，例如构件 2。

4）测量构件实际尺寸，并按比例尺绘出简图

测量 AB 杆和 BC 杆长度及滑块 4 上转动副 C 至转动副 A 的距离。选择适当的比例尺 μ_L(m/mm)，按比例尺画出机构简图，如图 4-1(b)所示。

有时只需要了解机构运动特征，而不需要进行定量分析，可不按比例绘制简图，只需大致绘制相对位置关系即可，这时所画的简图称为示意图。

2. 机构自由度计算

1）计算机构自由度

机构自由度为

$$F = 3n - 2P_L - P_H$$

式中:n——活动构件数;

　　P_L——转动副和移动副总数(低副数);

　　P_H——高副数。

在图 4-1 机构中,$n=3$(构件 2、3、4 是活动构件),$P_L=4$(三个转动副,一个移动副),$P_H=0$,代入上式得

$$F = 3n - 2P_L - P_H = 3 \times 3 - 2 \times 4 = 1$$

2)核对计算结果是否正确

根据计算所得 $F=1$,给予机构原动件一手柄,当手柄转动时,可观察到机构各构件运动均是确定的,故知计算结果符合实际情况。

六、实验注意事项

(1)要按构件的实际方向和位置画图。

(2)按规定格式完成实验报告。

实验四讲解
视频(二)

(3)在实验过程中应遵守实验室实验守则,各种模型在进行观察分析后应放回原处,不得损坏或任意放置。

表 4-1　机构运动简图表示符号(参考 GB/T 4460—2013)

机构名称		基本符号	可用符号	备注
运动副	具有一个自由度的运动副	平面机构		
		空间机构		
		棱柱副(移动副)		
	具有两个自由度的运动副	圆柱副		
		球销副		
	具有三个自由度的运动副	球面副		
		平面副		

续表

机构名称			基本符号	可用符号	备注
构件及其组成部分		机架			
		轴、杆			
	连接两个转动副的构件	连杆 a) 平面机构 b) 空间机构	a) b)		
		曲柄或摇杆 a) 平面机构 b) 空间机构	a) b)		
		偏心轮			
	连接转动副与棱柱副的构件	导杆			
		滑块			
齿轮机构		齿轮(不指明齿线) a) 圆柱齿轮 b) 圆锥齿轮 c) 挠性齿轮	a) b) c)		

续表

机构名称	基本符号	可用符号	备注
a) 圆柱齿轮(指明齿线) (1) 直齿 (2) 斜齿 (3) 人字齿	(1) (2) (3) 	(1) (2) (3) 	
b) 圆锥齿轮(指明齿线) (1) 直齿 (2) 斜齿 (3) 弧齿	(1) (2) (3) 	(1) (2) (3) 	
a) 圆柱齿轮传动(不指明齿线)	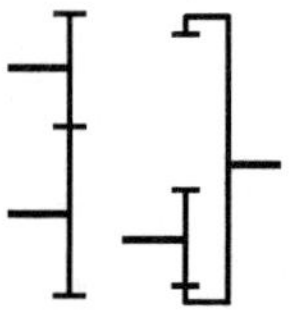	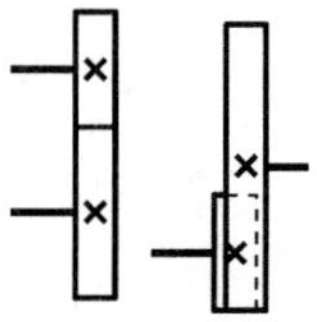	
b) 非圆齿轮传动(不指明齿线)	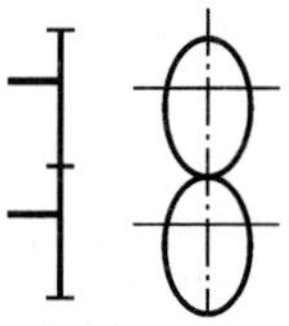	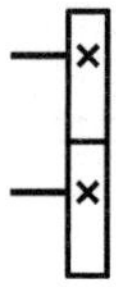	
c) 圆锥齿轮传动(不指明齿线)	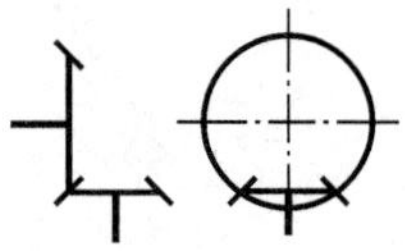	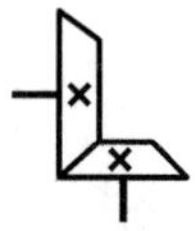	
d) 准双曲面齿轮传动(不指明齿线)	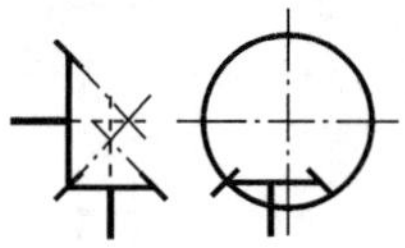	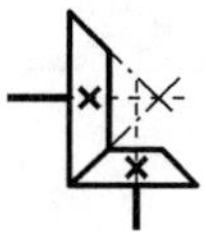	

齿轮机构

机构运动方案创新设计实验

一、实验目的

(1) 加深学生对机构组成原理的认识，进一步了解并掌握机构的组成及其运动特性。

(2) 掌握机构运动创新设计实验台运动副的拼接方法。

(3) 培养学生的工程实践动手能力。

(4) 培养学生的创新意识及综合设计能力。

二、实验设备和工具

(1) ZBS-C 机构运动创新设计实验台。

(2) 机械方案创意设计模拟实验仪。

(3) 组装、拆卸工具：一字旋具、十字旋具、扳手、内六角扳手、直钢尺、卷尺。

(4) 学生自备文具：三角板、圆规和草稿纸等。

三、实验原理

1. 杆组的概念

由于平面机构具有确定运动的条件是机构的原动件数与机构的自由度相等，因此机构由机架、原动件和自由度为零的从动件通过运动副连接而成。从动件系统可拆分成若干个不可再分的自由度为零的运动链，这些运动链称为基本杆组（简称杆组）。

根据杆组的定义，组成平面机构杆组的条件是

$$F = 3n - 2P_L - P_H = 0$$

其中低副数 P_L 和高副数 P_H 都必须是整数。由此可以获得各种类型的杆组。当 $n=1$、$P_L=1$、$P_H=1$ 时可获得单构件高副杆组。当 $P_H=0$ 时，可获得低副杆组，即

$$F = 3n - 2P_L = 0$$

因此可知，n 应是 2 的倍数，而 P_L 应是 3 的倍数，它们的组合有：$n=2$、$P_L=3$；$n=4$、$P_L=6$……可见，对于最简单的杆组，有 $n=2$、$P_L=3$，该杆组称为Ⅱ级杆组。由于杆组中转动副和移动副的配置不同，Ⅱ级杆组共有图 5-1 所示的五种形式。

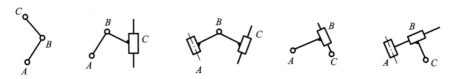

图 5-1　平面低副Ⅱ级杆组

$n=4$、$P_L=6$ 的杆组称为Ⅲ级杆组,其形式很多,图 5-2 所示为常见的Ⅲ级杆组。

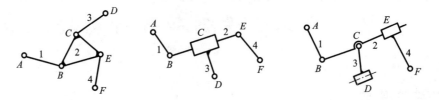

图 5-2　平面低副Ⅲ级杆组

2. 机构的组成原理

由以上所述,可将机构的组成原理概述为:任何平面机构均可以用将零自由度的杆组依次连接到原动件和机架上的方法来组成。

3. 正确拆分杆组

从机构中拆出杆组有以下三个步骤。

(1) 先去掉机构中的局部自由度和虚约束。

(2) 计算机构的自由度,确定原动件。

(3) 从远离原动件的一端开始拆分杆组,每次拆分时,要求先试着拆分Ⅱ级杆组,当没有Ⅱ级杆组时,就拆分Ⅲ级杆组等高一级杆组及高副杆组,最后剩下原动件和机架。

拆分杆组是否正确的判定方法是:拆去一个杆组或一系列杆组后,剩余的必须为一个完整的机构或若干个与机架相连的原动件,而不能有不成组的零散构件或运动副存在。全部杆组拆完后,应当只剩下与机架相连的原动件。

如图 5-3 所示机构:可先除去 K 处的局部自由度;然后,按步骤(2)计算出机构的自由度 ($F=1$),确定凸轮为原动件;最后根据步骤(3),先拆分出构件 4 和 5 组成的Ⅱ级杆组,再拆分

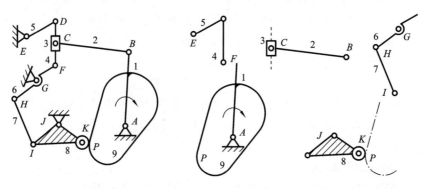

图 5-3　拆分杆组

出由构件 6 和 7 及由构件 3 和 2 组成的两个Ⅱ级杆组以及由构件 8 组成的单构件高副杆组，最后剩下原动件 1 和机架 9。

4. 正确拼装杆组

根据拟定的机构运动学尺寸，利用机构运动创新设计实验台提供的零件，按机构运动传递顺序进行拼接。拼接时，首先要分清机构中各构件所占据的运动平面，并且使各构件的运动在相互平行的平面内进行，其目的是避免各运动构件发生干涉。然后，以实验台机架竖直面为拼接的起始参考面，由原动件开始拼接，依运动传递顺序将各杆组由里（相对参考面）向外进行拼接。

四、机械方案创意设计模拟实验仪拼装方法

1. 机架组件

机架组件如图 5-4 所示。

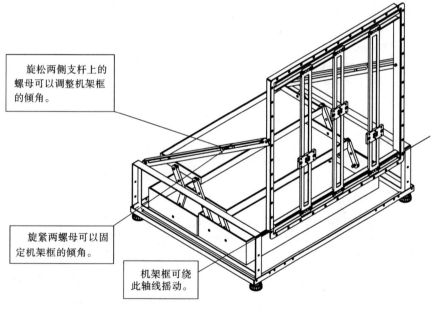

图 5-4　机架组件

2. 二自由度调整定位基板

二自由度调整定位基板如图 5-5 所示。

3. 拼接和安装方法

各种拼接和安装方法如图 5-6 至图 5-16 所示。

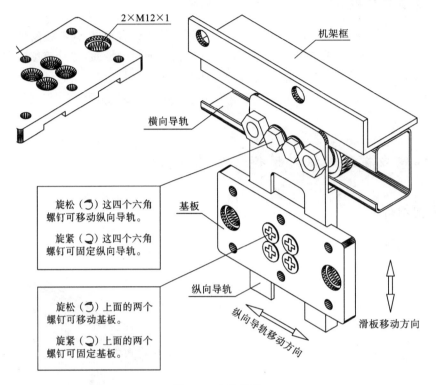

图 5-5　定位基板

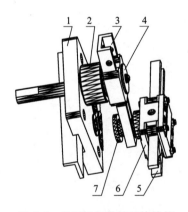

图 5-6　曲柄杆与带铰滑块铰接

1—基板；2—单层主动固定铰链；

3—曲柄杆；4—螺钉连接(挡片和 M4×8 螺钉各 1 个)；

5—构件杆；6—带铰滑块；7—铰链螺母

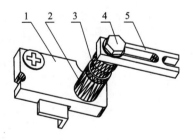

图 5-7　导路杆的一端与基板连接

1—基板；2—4 号支承(0～5 个)；

3—1 号或 2 号支承(1 个)；

4—螺栓连接(M5×12 螺栓和 ⌀5 垫圈各 1 个)；

5—用作导路杆的构件杆

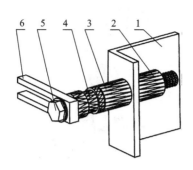

图 5-8　导路杆的一端与机架框连接

1—机架框;2—4 号支承(用作螺母,1 个);3—4 号支承(0~5 个);
4—1 号或 2 号支承;5—螺栓连接(M5×10 螺栓和 φ5 垫圈各 1 个);
6—用作导路杆的构件杆

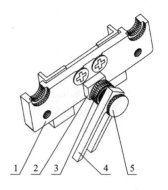

图 5-9　活动铰链直接与基板连接

1—基板;2—垫块;3—活动铰链;
4—构件杆;5—铰链螺钉或小帽铰链螺钉

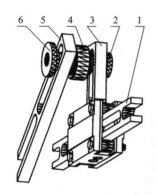

图 5-10　偏心滑块与构件杆铰接

1—构件杆;2—铰链螺钉或小帽铰链螺钉;
3—偏心滑块;4—活动铰链;5—构件杆;
6—铰链螺母

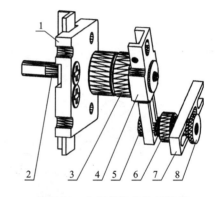

图 5-11　曲柄杆与构件杆铰接

1—基板;2—双层主动固定铰链;3—齿凸垫套;
4—曲柄杆;5—铰链螺钉或小帽铰链螺钉;
6—活动铰链;7—构件杆;8—铰链螺母

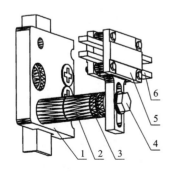

图 5-12　单滑块固定导路孔的组装

1—基板;2—4 号支承(0~5 个);3—3 号支承;
4—M5×10 螺栓和 φ5 垫圈组(各 1 个);
5—偏心滑块　6—构件杆

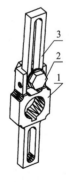

图 5-13　主动转杆加长的一种方法

1—曲柄杆;
2—螺栓连接(M5×12 螺栓 1 个,M5 螺母和 φ5 垫圈各 2 个);
3—构件杆

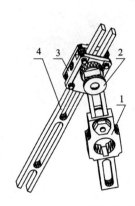

图 5-14　加长主动转杆与带铰
**　　　滑块铰接**

1—加长主动转杆；2—铰链螺母；
3—带铰滑块；4—构件杆

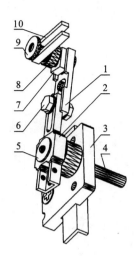

图 5-15　曲柄杆加长主动转杆与构件杆铰接

1—杆接头Ⅲ；2—曲柄杆；3—基板；4—单层主动固定铰链；
5—螺钉连接（挡片和 M4×8 螺钉各 1 个）；
6—螺栓连接（M5×12 螺栓 1 个，M5 螺母和 φ5 垫圈各 2 个）；
7—垫块；8—活动铰链；9—铰链螺母；10—构件杆

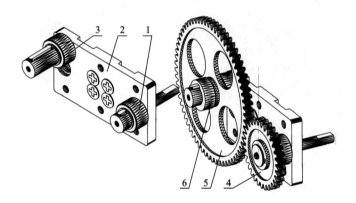

图 5-16　齿数和为 95 的一对齿轮可以安装在一块基板上

1—单层主动固定铰链；2—基板；3—三层从动固定铰链；4—$z=30$ 的齿轮；5—$z=65$ 的齿轮；6—齿凸垫套

五、实验步骤

（1）选择机构运动方案，完成不同运动方案的机构拼接实验（每组完成方案数目不少于小组人数）。

（2）根据机构运动简图，利用机构运动创新设计实验台提供的零件，根据运动尺寸进行拼装；拼装时，通常先从原动件开始，按运动传递顺序依次进行拼装。拼装时，应保证各构件均在相互平行的平面内运动，这样可以避免各运动构件之间的干涉，同时保证各构件运动平面与轴线垂直。拼装时以机架竖直面为参考平面，由里向外拼装。

（3）拼接完成后，先用手动的方式驱动原动件，通过观察确定各部分的运动都畅通无阻后，再与电动机相连，检查无误后方可接通电源。

（4）测绘机构的运动尺寸，并观察机构的运动状况和运动特点。

（5）逐一拆分杆组，直至最后只剩下原动件。每拆除一组杆组后，都使机构运动，观察机构的运动情况。

六、实验注意事项

（1）认真阅读实验教材，熟悉实验中所用的设备和零件功能，熟悉各传动装置、各固定支座、移动副、转动副的拼装和安装方法。

（2）组装完成后，首先进行自查，确认拼接是否有误、连接是否牢固可靠。

（3）提交指导老师检查确认无误后，可通电运行。

（4）实验结束后，将实验用的设备、零件、工具等整齐归位。

渐开线齿轮参数测定实验

一、实验目的

（1）学会用游标卡尺测量渐开线齿轮的有关尺寸，确定齿轮的基本参数。

（2）通过测量和计算，掌握齿轮各部分尺寸与基本参数的关系，理解渐开线齿轮的特点。

（3）通过测定齿轮的变位系数，了解变位齿轮的形成过程及齿轮轮廓的变化规律，掌握标准齿轮与变位齿轮的基本判别方法。

二、实验设备与工具

（1）被测量齿轮。

（2）游标卡尺。

（3）学生自备文具：计算器、纸和铅笔等。

三、实验原理

齿轮各部分尺寸与齿轮的齿数 z、模数 m、压力角 α、齿顶高系数 h_a^* 和变位系数 x 等基本参数之间有确定的关系，所以通过测量齿轮的有关尺寸，可以计算出齿轮的基本参数。

本实验利用游标卡尺测量齿轮的齿顶圆直径、齿根圆直径和公法线长度，从而计算出齿轮基本参数。如图 6-1 所示，使游标卡尺两量爪的测量平面与渐开线齿廓相切，所测量的跨距称

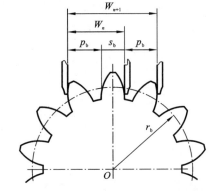

实验六讲解视频   **图 6-1　公法线长度测量**

为齿轮的公法线长度,以 W_n 表示。量爪与齿廓的切点位置与跨齿数 n 的多少有关。如果跨齿数过多,则量爪可能与两齿顶相接触而不是相切;相反,如果跨齿数过少,则两量爪可能与齿根接触,也不一定是与渐开线齿廓相切。在这两种情况下所测出的两触点间的距离都不是真正的公法线长度。测量公法线长度时,应使两量爪与两齿廓的切点落在分度线附近。游标卡尺的两量爪所跨测的齿数 n 由齿轮的齿数 z 决定,可查表 6-1。

表 6-1　被测齿轮的齿数 z 与跨齿数 n 对应表

齿数 z	12~18	19~26	27~36	37~45	46~54	55~63	64~72	73~81
跨齿数 n	2	3	4	5	6	7	8	9

由图 6-1 可得,当跨齿数为 n 时,齿轮公法线长度为

$$W_n = (n-1)p_b + s_b \tag{6-1}$$

同理,如果跨齿数为 $n+1$,则齿轮公法线长度为

$$W_{n+1} = np_b + s_b \tag{6-2}$$

由式(6-2)减式(6-1)得

$$p_b = W_{n+1} - W_n \tag{6-3}$$

又因

$$p_b = p\cos\alpha = \pi m\cos\alpha \tag{6-4}$$

将式(6-3)和式(6-4)联立求解,可得齿轮模数

$$m = \frac{W_{n+1} - W_n}{\pi\cos\alpha} = \frac{p_b}{\pi\cos\alpha} \tag{6-5}$$

四、实验步骤

(1)确定齿轮的模数 m 和压力角 α。

① 记录被测齿轮的编号和齿数 z,根据 z 查表 6-1 得跨齿数 n。

② 用游标卡尺测量跨 n 个和 $n+1$ 个齿的公法线长度各三次,每次测量不同的齿廓,而且必须使量爪与齿廓相切,然后记下每次的读数,并填入实验报告的表格中,取三次测量值的平均值作为公法线长度 W_n 和 W_{n+1}。

③ 将 W_n、W_{n+1} 和压力角 $\alpha=20°$ 或 $\alpha=15°$ 代入式(6-5),计算出模数 $m_{\alpha=20°}$ 和 $m_{\alpha=15°}$,然后把它们与标准模数系列表 6-2 中的数值做比较,选取其中与某标准模数相同或接近的值作为该齿轮的模数 m(标准化),而它所对应的压力角就是齿轮的压力角 α。

表 6-2　标准模数系列(摘自 GB/T 1357—2008)　　　　　　　　(mm)

第一系列	1、1.25、1.5、2、2.5、3、4、5、6、8、10、12、16、20、25、32、40、50
第二系列	1.125、1.375、1.75、2.25、2.75、3.5、4.5、5.5、(6.5)、7、9、11、14、18、22、28、36、45

(2)确定齿轮的变位系数 x。

变位系数 x 可以根据公法线长度来求得。变位齿轮的齿厚在标准齿轮齿厚的基础上发生了变化,所以它的公法线长度与标准齿轮的公法线长度也就不相等。两者之差就是公法线长度的增量,增量等于 $2xm\sin\alpha$。

表 6-3 所示为标准直齿圆柱齿轮的理论公法线长度(模数 $m＝1$ mm)和跨齿数。

表6-3   标准直齿圆柱齿轮的理论公法线长度($m＝1$ mm)和跨齿数

z	12	18	25	33	34
W_0	4.582	4.680	7.730	10.795	10.809
n	2	2	3	4	4

当 $m≠1$ mm 时,标准直齿圆柱齿轮的理论公法线长度 W 等于表中数值乘以该齿轮模数。

被测齿轮的变位系数为

$$x＝\frac{W_n－W}{2m\sin\alpha}$$

当计算得到的 x 的绝对值小于 0.1 时,可以认为 $x＝0$。

(3)确定齿顶高系数 h_a^* 和顶隙系数 c^*。

用游标卡尺尽量精确地测量齿顶圆直径 d_a' 和齿根圆直径 d_f' 各三次,并取其平均值作为 d_a' 和 d_f' 填入表格。当齿数 z 为偶数时,可直接量出 d_a' 和 d_f'。当齿数 z 为奇数时,有

$$d_a'＝d_0＋2H_1 \tag{6-6}$$

$$d_f'＝d_0＋2H_2 \tag{6-7}$$

式中:H_1 和 H_2 分别为从齿轮孔壁到齿顶和齿根的距离(见图 6-2)。

齿顶高

$$h_a＝\frac{d_a'－d}{2} \tag{6-8}$$

且

$$h_a＝m(h_a^*＋x) \tag{6-9}$$

由式(6-8)和式(6-9)得齿顶高系数

$$h_a^*＝\frac{d_a'－d}{2m}－x \tag{6-10}$$

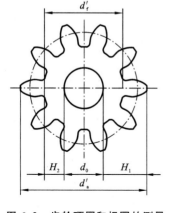

图6-2   齿轮顶圆和根圆的测量

其中分度圆直径 $d＝zm$。由式(6-10)计算出的齿顶高系数 h_a^* 应符合标准值。然后查表 6-4 取对应的标准顶隙系数 c^*。

表6-4   齿顶高系数及顶隙系数

齿轮类别	齿顶高系数 h_a^*	顶隙系数 c^*
正常齿	1	0.25
短　齿	0.8	0.3

(4)填写实验报告。

五、实验注意事项

（1）游标卡尺读数保留到小数点后两位，计算结果保留到小数点后三位。

（2）用游标卡尺测量 W_n 和 W_{n+1} 时，应使两量爪与两齿廓的切点落在分度线附近，以减小测量误差。

（3）实验结束时，将实验所用工具、仪器及设备整齐归位。

渐开线齿轮的展成实验

一、实验目的

(1) 掌握用展成法切制渐开线齿廓的基本原理,了解齿廓曲线的渐开线部分及过渡曲线部分的形成过程。

(2) 了解渐开线齿轮的根切现象、齿轮变尖现象及其产生的原因。

(3) 了解变位齿轮的切制方法,并比较变位齿轮与标准齿轮的异同点。

二、实验设备及工具

(1) 齿轮展成仪。

(2) 学生自备文具:A4 大小的复印纸(一张)、削尖的铅笔(两支)、三角板、橡皮和计算器。

三、实验原理

展成法(也称范成法)是利用一对齿轮(或齿轮与齿条)互相啮合时其共轭齿廓互为包络线的原理来切齿的。共轭齿廓中的一个齿廓为齿轮刀具的齿廓,另一齿廓为齿轮毛坯的齿廓,当刀具和齿轮毛坯的分度圆相切并做纯滚动时,齿轮刀具的刀刃就可在齿轮毛坯上切出齿廓。又因为两个任意半径的基圆的渐开线都互为包络线,故可以用任一具有渐开线齿廓的刀具展成加工任意基圆的渐开线齿廓。其中基圆半径为无穷大的齿条刀具的渐开线齿廓最简单,是一条直线,这就是加工渐开线齿轮用的齿条刀具的轮廓。

本实验用齿轮展成仪来显示齿条刀具与齿轮毛坯之间的展成运动,并用铅笔将刀刃的各个位置画在纸制毛坯上,这样就可以清楚地观察到齿轮齿廓形成的全过程,如图 7-1 所示。

图 7-2 是齿轮展成仪的示意图,其中扇形盘 2 绕固定轴 O 转动。用压板 1 和螺母 7 将代表齿轮毛坯的图纸固定在扇形盘 2 上,拧松螺钉 6,可调整齿条刀具 3 与齿轮毛坯之间的径向距离。螺钉 6 将齿条刀具 3 固定在滑板 4 上,滑板可沿固定轨道 5 做往复横向移动。为了保证扇形盘 2 与滑板 4 做相对纯滚动,展成仪的扇形盘与滑板采用齿轮齿条啮合传动。当齿条刀具分度线与纸制齿轮毛坯分度圆相切并做纯滚动时,就可以绘制出标准齿轮的齿廓。

加工标准齿轮时,应保证齿条工具的中线与被加工齿轮的分度圆相切。加工变位齿轮时,可按变位量 xm 调整刀具中线与被加工齿轮中心的距离(其移动的距离 xm 值可通过溜板上的刻度尺读出)。

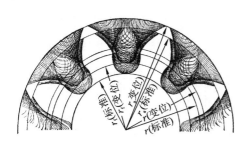

图 7-1 齿廓形成过程

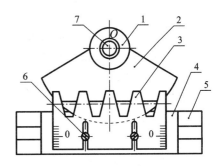

图 7-2 齿轮展成仪及示意图

1—压板;2—扇形盘;3—齿条刀具;4—滑板;
5—固定轨道;6—螺钉;7—螺母

四、实验内容

齿轮展成仪上齿条刀具和被加工齿轮的主要参数见表 7-1。

表 7-1 齿轮展成仪的基本参数

序号	齿条刀具参数	被加工齿轮	
		主要参数	类型
1	$m=8$ mm,$\alpha=20°$,$h_a^*=1$	$z=20$,$x=0$	标准
2	$m=16$ mm,$\alpha=20°$,$h_a^*=1$	$z=10$,$x=0$	标准
3	$m=16$ mm,$\alpha=20°$,$h_a^*=1$	$z=10$,$x=0.4375$	正变位

(1)"切制"$m=8$ mm、$z=20$ 的标准齿轮。

(2)"切制"$m=16$ mm、$z=10$ 的标准齿轮。

(3)"切制"$m=16$ mm、$z=10$,$x=0.4375$,$xm=7$ mm 的变位齿轮。

五、实验步骤

(1)实验前的准备工作。

实验七
讲解视频

根据所用齿轮展成仪的齿条刀具基本参数和被加工齿轮的齿数 z、变位系数 x,由齿条刀具加工齿轮不发生根切的条件求出最小变位系数 x_{min}。

分别计算出分度圆直径、基圆直径以及标准齿轮、变位齿轮的齿根圆、齿顶圆直径,并将计算结果填在实验报告的表中。

(2)准备一张毛坯纸,在图纸上作出基圆、分度圆,并把它们分为三等份(即每部分的圆心角均为 120°)。为了对心方便,需分别作出这三等份圆心角的角平分线,再作这些角平分线的垂线。然后,分别在三等份的扇形上画出两个标准齿轮($m=8$ mm,$z=20$;$m=16$ mm,$z=10$)、一个正变位齿轮($m=16$ mm,$z=10$)的齿顶圆和齿根圆,如图 7-3 所示。上述步骤必须在实验之前完成,并需按外径为 $\phi210$、孔径为 $\phi36$ 将毛坯纸剪成一穿孔圆纸片。

(3)把代表轮坯的穿孔圆纸片对准中心固定在圆盘上,使相应于标准齿轮部分的角平分线垂直于齿条刀具的中线,并调整位置至齿条刀具的中线与轮坯分度圆相切。

（4）先"切制"$m=8$ mm、$z=20$ 的标准齿轮,后"切制"$m=16$ mm、$z=10$ 的标准齿轮。开始"切制"时,将齿条刀具滑板推到最右(或最左)边,然后把滑板向左(或向右)移动,每移动一个微小的距离(2～3 mm),就在毛坯纸上用削尖的铅笔描下刀具刃的轮廓,直到形成 2～3 个完整的齿为止。

（5）切完 $m=16$ mm、$z=10$ 的标准齿轮后,调整齿条刀具使其离开轮坯中心,正向移距 xm(mm),再将毛坯纸转到相应于正变位齿轮的位置,重复步骤(3)和(4)。

（6）比较所得不同齿数的标准齿轮在分度圆与根圆上的齿厚,并比较标准齿轮和变位齿轮在分度圆上的齿厚、齿间距、节距以及齿顶圆上的齿厚,齿根圆、齿顶圆、分度圆和基圆的相应变化和特点。

注意:若需"切制"负变位齿轮,则毛坯纸除应作出基圆、分度圆外,还需画出相应于负变位齿轮的齿顶圆和齿根圆,"切制"时将齿条刀具调离标准位置,移近轮坯中心,负向移距 xm(mm),重复步骤(3)和(4)。

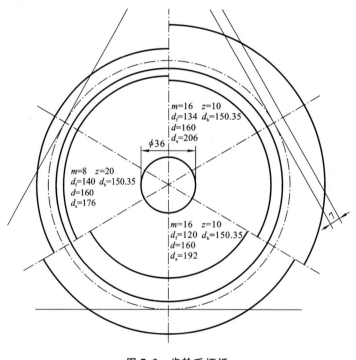

图 7-3　齿轮毛坯纸

六、实验注意事项

实验结束时,清理实验中所用的工具、仪器,要求将实验设备整齐归位。

轴系结构设计实验

一、实验目的

熟悉并掌握轴系结构设计中有关轴的结构设计、滚动轴承组合设计的基本方法。

二、实验设备

（1）组合式轴系结构设计分析实验箱。

实验箱提供能进行减速器圆柱齿轮轴系、小圆锥齿轮轴系及蜗杆轴系结构设计实验的全套零件。

（2）测量及绘图工具：长度 300 mm 的钢板尺、游标卡尺、内外卡钳、铅笔、三角板等。

（3）学生自带用具：圆规、三角板、铅笔、橡皮和草稿纸等。

实验八
讲解视频

三、实验内容与要求

（1）指导教师根据表 8-1 选择性安排每组的实验内容（实验题号）。

表 8-1 实验内容

实验题号	齿轮类型	载荷	转速	其他条件	示意图
1	小直齿轮	轻	低		
2		中	高		
3	大直齿轮	中	低		
4		重	中		
5	小斜齿轮	轻	中		
6		中	高		
7	大斜齿轮	中	中		
8		重	低		

续表

实验题号	齿轮类型	载荷	转速	其他条件	示意图
9	小锥齿轮	轻	低	锥齿轮轴	（示意图）
10		中	高	锥齿轮与轴分开	70　82　30
11	蜗杆	轻	低	发热量小	（示意图）
12		重	中	发热量大	L

(2) 进行轴的结构设计与滚动轴承组合设计。

每组学生根据实验题号的要求,进行轴系结构设计,解决轴承类型选择、轴上零件定位、固定轴承安装与调节、润滑及密封等问题。

(3) 绘制轴系结构装配图。

(4) 每人编写实验报告一份。

四、实验步骤

(1) 明确实验内容,理解设计要求。

(2) 复习有关轴的结构设计与轴承组合设计的内容与方法(参看教材有关章节)。

(3) 构思轴系结构方案。

① 根据齿轮类型选择滚动轴承型号。

② 确定支承轴向固定方式(两端固定,一端固定、一端游动)。

③ 根据齿轮圆周速度(高、中、低)确定轴承润滑方式(脂润滑、油润滑)。

④ 选择端盖形式(凸缘式、嵌入式)并考虑透盖处密封方式(毡圈密封、皮碗密封、油沟式密封槽密封)。

⑤ 考虑轴上零件的定位与固定、轴承间隙调整等问题。

⑥ 绘制轴系结构方案示意图。

(4) 组装轴系部件。

根据轴系结构方案,从实验箱中选取合适零件并组装成轴系部件,检查所设计和组装的轴系结构是否正确。

(5) 绘制轴系结构草图。

(6) 测量零件结构尺寸(支座不用测量),并做好记录。

(7) 将所有零件放入实验箱内的规定位置,交还所借工具。

(8) 完成实验报告。

实验九

圆柱体塞规外径尺寸测量实验

一、实验目的

(1) 了解立式光学计、杠杆齿轮比较仪的测量原理。
(2) 掌握利用立式光学计、杠杆齿轮比较仪测量外径的方法。
(3) 加深理解测量的常用术语。

二、实验设备

立式光学计、杠杆齿轮比较仪、量块组、圆柱体塞规。

三、测量原理及计量器具说明

立式光学计、杠杆齿轮比较仪用量块作为长度基准,利用量块与工件相比较的方法来测量各种工件的外尺寸。

图 9-1 所示为立式光学计外形。立式光学计是利用光学杠杆转换原理,即利用光路方向变化将测杆位移转换为刻度尺的像的位移来进行测量的。其光学系统如图 9-2 所示。刻度尺位于物镜的焦平面上,由光线照亮,光线经物镜后成为平行光束。由于物镜与反射镜平行,反射镜又经物镜成像于焦平面上。当测杆发生位移 s 时,反射镜转动 ϕ 角度,则反射光线相对于入射光线偏转 2ϕ 角度,从而使刻度尺的像产生位移 t,它表示被测尺寸的变动量。

图 9-3 所示为杠杆齿轮比较仪外形。杠杆齿轮比较仪是利用杠杆齿轮传动机构将测杆的直线位移变成为指针的角位移来进行测量的。其结构原理如图 9-4 所示。齿轮杠杆的球形端面与测杆缺口的接触点至齿轮杠杆回转中心之间的部分构成了杠杆短臂,因此,当测杆做直线位移时,指针将回转,在刻度盘上指示出相应的位移量。

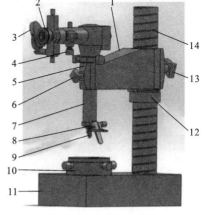

图 9-1　立式光学计外形

1—横臂;2—目镜;3—进光反射镜;
4—微调螺钉;5—细调螺钉;
6—细调锁紧螺钉;7—光学计筒;
8—提升杠杆;9—测头;10—工作台;11—底座;
12—粗调螺母;13—粗调锁紧螺钉;14—立柱

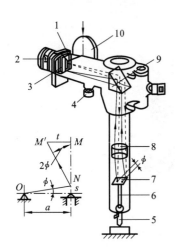

图 9-2　光学系统图

1—通光棱镜；2—目镜；3—刻度尺；

4—零位调节手轮；5—测头；

6—测杆；7—反射镜；8—物镜；

9—棱镜；10—进光反射镜

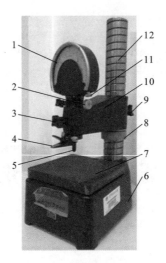

图 9-3　杠杆齿轮比较仪外形

1—指示表；2—细调手轮；3—细调锁紧螺钉；

4—提升杠杆；5—测头；6—底座；

7—工作台；8—粗调螺母；9—粗调锁紧螺钉；

10—横臂；11—微调手轮；12—立柱

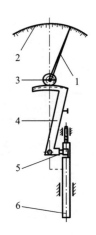

图 9-4　杠杆齿轮比较仪
结构原理

1—指针；2—刻度盘；

3—小齿轮；4—齿轮杠杆；

5—杠杆短臂；6—测杆

四、实验方法

实验九
讲解视频

(1) 按被测塞规的基本尺寸组合量块，量块组的尺寸与塞规基本尺寸的偏差不能超出仪器的示值范围，并将量块置于工作台上。

(2) 调整仪器零位。

① 松开横臂的锁紧螺钉，转动螺圈，使横臂缓慢下降，当测头轻微接触量块时锁紧螺钉。如采用的是立式光学计，这时则能在目镜视场中看到刻度尺的像；如采用的是杠杆齿轮比较仪或电感比较仪，则能看到指针偏转。

② 松开光学计管(或杠杆齿轮比较仪指示表)的锁紧螺钉，转动微动手轮，直至在目镜中观察到刻度尺的零线的像与 μ 指示线接近(或指针与零位接近)，将螺钉拧紧。

③ 转动仪器的零位调节手轮，使刻度尺的零线的像与 μ 指示线重合(或使指针与零位重合)。

(3) 测量塞规：将测头抬起，取下量块。按实验规定的部位(在三个横截面上的两个相互垂直的径向位置上)进行测量。测量时，应将塞规缓慢地平推过测量头，塞规的最高点(即指示计的回折点)处的数值为测量读数，把测量结果填入实验报告的表中。

(4) 查出塞规的尺寸公差和几何公差，并判断塞规的合格性和可用性。

例　用立式光学计测量塞规，塞规的代号为 $\phi 29\text{H}12\text{T}$，组合量块的尺寸为 29 mm，测量数据为 +16 μm、+17 μm、+20 μm、+15 μm、+17 μm、+13 μm，判断塞规是否合格及可用。

塞规代号为 $\phi 29\text{H}12\text{T}$，查表可知制造公差 $T=8$ μm，位置要素 $Z=18$ μm，而计算得最大极限尺寸为 29.022 mm，最小极限尺寸为 29.014 mm，磨损极限尺寸为 29.000 mm。测得的六个数据中，由数据 +13 μm 计算得塞规实际尺寸为 29.013 mm，小于最小极限尺寸 29.014 mm，所以塞规不合格，但所有由测量数据计算得到的塞规的实际尺寸都未超出磨损极限尺寸，所以塞规可用。

导轨直线度误差的测量实验

一、实验目的

(1) 掌握用合像水平仪测量直线度误差的方法及数据处理方法。
(2) 加深对直线度误差定义的理解。

二、实验设备

合像水平仪、待测导轨。

三、测量及计量器具说明

检测直线度误差常用的计量器具有框式水平仪、合像水平仪、电子水平仪和自准直仪等。这类器具的共同特点是可测定微小角度的变化。将计量器具置于不同的被测部位上,由于被测表面存在着直线度误差,器具的倾角会发生相应的变化。如果相邻两测点的节距确定,这个微小倾角与被测相邻两点的高低差就有确切的对应关系。通过对逐个节距的测量,得出各个倾角,再通过作图或计算,即可求出被测表面的直线度误差值。

合像水平仪的结构如图 10-1 所示。使用时将合像水平仪放于桥板上相对不动,再将桥板

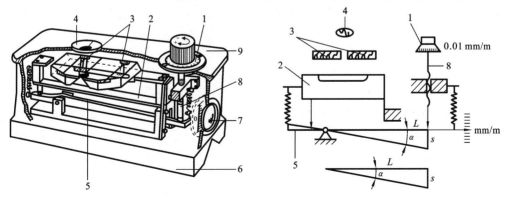

图 10-1 合像水平仪的结构图

1—刻度盘;2—水准器;3—棱镜;4,7—放大镜;5—杠杆;6—底板;8—微动螺杆;9—壳体

放在被测表面上。如果被测表面与基准平面平行,此时水准器的气泡将位于两棱镜的中间位置,在放大镜中观察到的气泡边缘通过合像棱镜所产生的影像将如图 10-2(a)所示。但在实际测量中,由于被测表面安放位置不理想和被测表面本身不直,导致气泡移动,其视场情况一般会如图 10-2(b)所示。此时可旋转刻度盘,使水准器转动一角度,从而使气泡返回棱镜组的中间位置,则图 10-2(b)中两影像的错移量 Δ 将消失,视场情况同图 10-2(a)。测微螺杆移动量 s 导致水准器的转角 α 与被测表面相邻两点的高低差 h 有确切的对应关系,即

$$h=0.01L\alpha \quad (\mu m)$$

式中:0.01——合像水平仪的分度值(mm/m);

　　　L——桥板跨距(mm);

　　　α——角度读数值(用格数来表示)。

 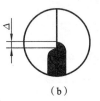

(a)　　　　　　　　(b)

图 10-2　合像水平仪水准气泡像

四、实验方法

1. 测量方法

实验十
讲解视频

根据被测表面总长确定相邻两测点的节距,按节距 L 调整桥板的跨距。用合像水平仪测量时,将合像水平仪放于桥板上,然后移动桥板,将桥板依次放在各节距的位置,并使本次测量的桥板始点与前一次测量的桥板末点重合。每移动一个节距都要旋转刻度盘,使气泡返回棱镜组的中间位置,气泡影像形成一个光滑的半圆头(见图 10-2(a)),此时才可在刻度盘上进行读数。如此从首点至终点顺测一次,再由终点至首点回测一次。回测时桥板不能调头,并需在最后一点读数保持不变的情况下进行回测。以各测点两次读数的平均值作为该点的测量数据。

2. 数据处理

用作图法求解直线度误差。为了作图的方便,将各测点的读数平均值同减一个数而得出相对差。用 x 坐标表示各测点序号,y 坐标表示误差累积值,在坐标上取点(作图时注意不要漏掉首点零点),用直线连接各点,得出误差折线图。作出折线最小包容区域的两条平行直线,其中一条直线必须过误差折线的两个最高(最低)点,另一条直线过两个最高(最低)点中间的最低(最高)点。这两条平行直线间沿 y 轴方向的宽度,就是被测表面的直线度误差值 f(格)。将误差值 f(格)按下式折算成线性值 $f(\mu m)$:

$$f(\mu m)=0.01Lf(格)$$

然后按国家标准 GB/T 1184—1996 评定被测表面直线度的公差等级。

　　例　用合像水平仪测量一窄长平面的直线度误差,仪器的分度值为 0.01 mm/m,选用的桥板节距 L＝135 mm,测量直线度记录数据见表 10-1。试用作图法评定该平面的直线度误差。

表 10-1　窄平面直线度测量数据

测量点序号		0	1	2	3	4	5	6	7
仪器读数/格	1	—	74	74	80	70	80	78	78
	2	—	74	78	70	70	72	84	78
	平均	—	74	76	75	70	76	81	78
相对差的简化 $\Delta a_i (= a_i - a)$/格		0	−1	+1	0	−5	+1	+6	+3
累积值 $\sum \Delta a_i$/格		0	−1	0	0	−5	−4	+2	+5

注：a 值可取任意数，但要有利于相对差数字的简化，本例取 $a=75$ 格。

根据表 10-1 中的数据作出误差折线图，如图 10-3 所示。

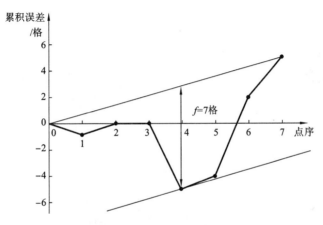

图 10-3　误差折线图

计算得该平面的直线度误差为

$$f = 0.01 \times 135 \times 7 \ \mu m = 9.45 \ \mu m$$

齿轮齿厚偏差测量实验

一、实验目的

（1）掌握测量齿轮齿厚的方法。
（2）加深理解齿轮齿厚偏差的定义。

二、实验设备

齿轮齿厚游标卡尺、外径千分尺、齿轮。

三、测量及计量器具说明

齿厚偏差 E_{sn} 是指在分度圆柱面上，法向齿厚的实际值与公称值之差。因此，齿厚应在分度圆上进行测量。图 11-1 所示为测量齿厚偏差的齿厚游标卡尺。它是由两套相互垂直的游标尺组成的。高度游标尺用于控制测量部位（分度圆至齿顶圆）的弦齿高 h_f，宽度游标尺则用

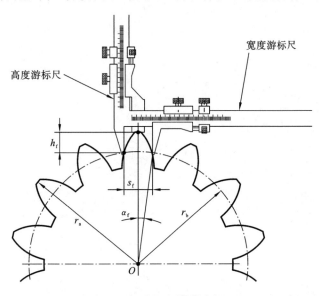

实验十一讲解视频

图 11-1　齿轮齿厚游标卡尺

于测量所测部位(分度圆)的弦齿厚 s_f(实际)。齿厚游标卡尺的分度值为 0.02 mm,其原理和读数方法与普通游标卡尺相同。

用齿厚游标卡尺测量齿厚偏差时以齿顶圆为基准。当齿顶圆直径为公称值时,直齿圆柱齿轮分度圆处的弦齿高 h_f 和弦齿厚 s_f 分别按以下两式计算:

$$h_f = h' + x = m + \frac{zm}{2}\left(1 - \cos\frac{90°}{z}\right)$$

$$s_f = zm\sin\frac{90°}{z}$$

式中:m——齿轮模数(mm);

　z——齿轮齿数。

当齿轮为变位齿轮且齿顶圆直径有误差时,分度圆处的弦齿高 h_f 和弦齿厚 s_f 应分别按以下两式计算:

$$h_f = m + \frac{zm}{2}\left[1 - \cos\left(\frac{\pi + 4x\tan\alpha_f}{2z}\right)\right] - (r_a - r'_a)$$

$$s_f = zm\sin\left(\frac{\pi + 4x\sin\alpha_f}{2z}\right)$$

式中:x——变位系数;

　α_f——齿形角;

　r_a——齿顶圆半径的公称值;

　r'_a——齿顶圆半径的实际值。

四、测量方法

用外径千分尺测量齿顶圆的实际直径。用公式计算或从表 11-1 查出分度圆处弦齿高 h_f 和弦齿厚 s_f。按 h_f 值调整齿厚游标卡尺的高度游标尺,并锁紧。将齿厚游标卡尺置于被测齿轮上,使高度游标尺的高度尺与齿顶相接触。然后,移动宽度游标尺的量爪,使量爪沿竖直方向与齿面接触,无间隙后,从宽度游标尺上读出弦齿厚的实际尺寸。

分别在圆周上间隔 120° 的三个位置上进行测量。按齿轮图样标注的技术要求,确定齿厚上偏差 E_{ss} 和下偏差 E_{si},判断被测齿厚的适用性。

表 11-1　$m=1$ 时分度圆弦齿厚 s_f 和弦齿高 h_f 的数值　　　(mm)

z	12	18	25	33	34
s	1.5663	1.5688	1.5698	1.5702	1.5702
h_f	1.559	1.0342	1.0247	1.0187	1.0181

齿轮公法线变动量及公法线平均长度偏差的测量实验

一、实验目的

(1) 掌握测量齿轮公法线长度的方法。
(2) 加深理解齿轮公法线变动量和齿轮公法线平均长度偏差的定义。

二、实验设备

公法线千分尺、齿轮。

三、测量原理及计量器具说明

公法线变动 E_{bn} 是指在齿轮一周范围内,实际公法线的最大长度与最小长度之差。公法线平均长度偏差 E_{wm} 是指在齿轮一周范围内,公法线长度的平均值与公称值之差。公法线长度可用公法线千分尺、公法线指示卡规或万能测齿仪测量。

图 12-1 为用公法线千分尺测量齿轮公法线长度的示意图。公法线千分尺与外径千分尺的

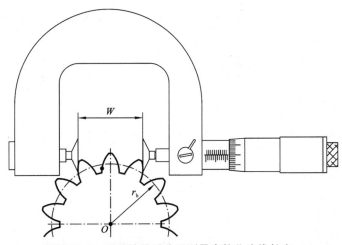

图 12-1 用公法线千分尺测量齿轮公法线长度

结构基本相同,不同之处仅在于公法线千分尺的测砧为圆盘形。公法线千分尺可测量模数在0.5 mm 以上外啮合圆柱齿轮的公法线长度。测量时由公法线千分尺直接读出齿轮的实际公法线长度。测量前应校正零位。对于测量范围大于 25 mm 的公法线千分尺,应用校对量具来校正零位。测量时,千分尺的两量爪与齿面不应在边缘接触,而应相切于分度圆附近。

四、实验方法

按以下公式计算直齿圆柱齿轮公法线公称长度 W:

$$W = m\cos\alpha_f [\pi(n-0.5) + z \operatorname{inv}\alpha_f] + 2xm\sin\alpha_f$$

式中:m——被测齿轮的模数(mm);

α_f——被测齿轮的齿形角;

z——被测齿轮的齿数;

n——跨齿数($n \approx \dfrac{\alpha_f}{\pi} z + 0.5$,取整数)。

当 $\alpha_f = 20°$、变位系数 $x = 0$ 时,则有

$$W = m[1.476(2n-1) + 0.014z]$$
$$n = 0.111z + 0.5$$

n 值也可从表 6-3 查出。

实验时先校正公法线千分尺的零位。将公法线千分尺的两测砧按跨齿数 n 卡入齿轮,转动公法线千分尺的微分筒,直接读出齿轮的公法线长度。逐齿测量全齿圈值。对所有的读数值取平均值,该平均值与公称值之差即为公法线平均长度偏差 E_{wm},所有读数中最大值与最小值之差即为公法线变动量 E_{bn}。按齿轮图样标注的技术要求确定公法线平均长度上偏差 E_{wms} 和下偏差 E_{wmi} 以及公法线长度变动公差 E_w,并判断被测齿轮的适用性。

减速器结构分析及拆装实验

一、实验目的

(1) 了解减速器的整体结构及工作要求。

(2) 了解减速器的箱体零件、轴、齿轮等主要零件的结构及加工工艺。

(3) 了解减速器主要部件及整机的装配工艺。

(4) 了解齿轮、轴承的润滑、冷却及密封。

(5) 通过自己动手拆装,了解轴承及轴上零件的调整、固定方法,防止零件间发生干涉的方法。

(6) 了解拆装工具与减速器结构设计间的关系,为课程设计做好前期准备。

二、实验设备及工具

(1) Ⅰ级、Ⅱ级圆柱齿轮传动减速器。

(2) Ⅰ级蜗杆传动减速器。

(3) 活动扳手、旋具、木槌、钢尺等工具。

三、实验方法

首先由实验指导教师对几种不同类型的减速器现场进行结构分析、介绍,并对其中一种减速器的主要零、部件的结构及加工工艺过程进行分析、讲解及介绍。再由学生们分组进行拆装,指导教师解答学生们提出的各种问题。在拆装过程中学生们进一步观察并了解减速器各零、部件的结构,相互间配合的性质,零件的精度要求、定位尺寸、装配关系,齿轮、轴承润滑、冷却的方式,润滑系统的结构和布置,以及输出、输入轴与箱体间的密封装置,轴承工作间隙调整方法和结构等。

四、实验步骤

(一) 观察外形及外部结构

(1) 观察外部附件,分清哪个是起吊装置,哪个是定位销、启盖螺钉、油标、油塞,清楚它们各起什么作用,布置在什么位置。

（2）明白箱体、箱盖上为什么要设计肋板,肋板的作用是什么,如何布置。

（3）仔细观察轴承座的结构形状,了解轴承座两侧连接螺栓应如何布置,支承螺栓的凸台高度及空间尺寸应如何确定。

实验十三
讲解视频

（4）了解铸造成形的箱体最小壁厚是多少,如何减轻其重量及表面加工面积。

（5）了解在箱盖上设置铭牌的目的是什么,铭牌中有什么内容。

（二）拆卸观察孔盖

（1）了解观察孔起什么作用,应布置在什么位置及设计成多大的才是适宜的。

（2）了解观察孔盖上为什么要设计通气孔,孔的位置应如何确定。

（三）拆卸箱盖

（1）拆卸轴承端盖紧固螺钉（嵌入式端盖无紧固螺钉）。

（2）拆卸箱体与箱盖连接螺栓,启出定位销,然后拧动启盖螺钉,卸下箱盖。

（3）了解在用扳手拧紧或松开螺栓螺母时扳手至少要旋转多少度才能松紧螺母,这与螺栓中心到外箱壁间距离有何关系,这一距离应如何确定。

（4）明白启盖螺钉的作用是什么,与普通螺钉结构有什么不同。

（5）弄清如果在箱体、箱盖上不设计定位销将会产生什么样的严重后果,原因是什么。

（四）观察减速器内部各零部件的结构和布置

（1）了解箱体与箱盖接触面处为什么没有密封垫,箱体的密封问题是如何解决的,箱体的分箱面上的沟槽有何作用。

（2）看清被拆的减速器内的轴承采用的是油还是脂润滑,若采用油润滑,了解润滑油是如何导入轴承内进行润滑的。如果采用脂润滑,了解如何防止箱内飞溅的油及齿轮啮合区挤压出的热油冲刷轴承润滑脂。此外,还需了解两种情况下导油槽及回油槽分别应如何设计。

（3）弄清轴承在轴承座上的安放位置至箱体内壁有多大距离,在采用不同的润滑方式时这一距离应如何确定。

（4）目测一下齿轮与箱体内壁的最近距离,了解设计时齿轮与箱体内壁距离应如何确定。

（5）用手轻轻转动高速轴,观察各级齿轮啮合时有无侧隙,并了解侧隙的作用。

测量侧隙的方法:在两轮齿之间插入一根铅丝,其厚度稍大于所假设的侧隙,转动齿轮,使两齿面间的铅丝被碾压,然后取出铅丝,用游标卡尺测出被碾压后铅丝的厚度,以检验该对齿轮的侧隙是否符合标准的要求。

（6）观察箱内零件间有无干涉现象,并观察在结构中是如何防止零件间发生干涉的。

（7）观察调整轴承工作间隙（周向和轴向间隙）装置的结构,了解在减速器设计时对于不同轴承应如何调整工作间隙,了解轴承内孔与轴的配合性质、轴承外壳与轴承座的配合性质。

（8）了解设计时应如何考虑对轴的热膨胀进行补偿。

（9）测量各级啮合齿轮的中心距。

（五）从箱体中取出各传动轴部件

（1）观察轴上大、小齿轮的结构,了解在大齿轮上为什么要设计工艺孔,其目的是什么。

（2）了解轴上零件是如何实现周向和轴向定位、固定的。

（3）了解各级传动轴为什么要设计成阶梯轴，而不设计成光轴，并了解设计阶梯轴时应考虑什么问题。

（4）了解直齿圆柱齿轮和斜齿圆柱齿轮各有什么特点，如何选择其轴承。

（5）记录各齿轮齿数，计算各级齿轮的传动比。了解高、低各级传动比是如何分配的。

（6）测量大齿轮齿顶圆直径 d_a，估算各级齿轮模数 m。测量最大齿轮处箱体分箱面到内壁底部的最大距离 H，并计算大齿轮的齿顶（下部）与内壁底部距离 $L = H - \dfrac{1}{2} d_a$。了解 L 值的大小会影响什么，设计时应根据什么来确定 L 值。

（7）观察输入、输出轴的伸出端与端盖采用了什么形式的密封结构。

（8）观察箱体内油标（油尺）、油塞的结构及布置。了解设计油标（油尺）和油塞时应注意什么，油塞的密封问题如何处理。

（六）装配

（1）检查有无零件及其他杂物留在箱体内，然后擦净箱体内部，将各传动轴部件装入箱体。

（2）将嵌入式端盖装入轴承压槽，并用调整垫圈调整好轴承的工作间隙。

（3）将箱内各零件用棉纱擦净，并涂上机油防锈，再用手转动高速轴，观察有无零件干涉，无误后，经指导教师检查后合上箱盖。

（4）松开启盖螺钉，装上定位销并打紧。装上螺栓、螺母，用手逐一拧紧后，再用扳手分多次均匀拧紧。

（5）装好轴承小盖，观察所有附件是否都已装好，用棉纱擦净减速器外部，放回原处，摆放整齐。

（6）清点好工具，擦净后交还指导教师验收。

五、实验注意事项

实验前必须预习实验指导书及课程设计指导书，初步了解减速器的基本结构。多提出实际问题，以便在实验中加以解决。

附录 实 验 报 告

实验报告一 机械认识实验报告

班级＿＿＿＿＿＿ 学号＿＿＿＿＿＿ 姓名＿＿＿＿＿＿ 日期＿＿＿＿＿＿

一、填空题

1. 内燃机主要由主传动的＿＿＿＿＿机构、控制点火的＿＿＿＿＿＿机构和控制进排气的＿＿＿＿＿＿＿机构所组成。

2. 运动副是指两构件之间的可动连接。第一柜中陈列的运动副有＿＿＿＿＿、＿＿＿＿＿、＿＿＿＿＿、＿＿＿＿＿、＿＿＿＿＿等的模型。

3. 铰链四杆机构可分为＿＿＿＿＿＿、＿＿＿＿＿和＿＿＿＿＿三种基本类型。

4. 机械原理陈列柜中:颚式碎矿机是＿＿＿＿＿＿＿机构的应用,摄影平台升降机构是＿＿＿＿＿＿机构的应用,惯性筛应用了＿＿＿＿＿＿＿＿机构。

5. 凸轮机构按推杆的形状可分为＿＿＿＿＿＿＿、＿＿＿＿＿＿和＿＿＿＿＿＿三种基本类型。

6. 常用的齿轮传动方式有＿＿＿＿＿齿轮传动、＿＿＿＿＿齿轮传动和＿＿＿＿＿齿轮传动。

7. 齿轮齿条机构可以实现＿＿＿＿＿＿＿＿＿＿＿＿的相互转换。

8. 定轴轮系在运转时,＿＿＿＿＿＿＿＿＿＿＿＿＿＿＿＿＿＿＿＿＿＿＿＿＿＿＿＿＿＿＿＿＿＿＿,这就是定轴轮系名称的由来。

9. 请观察汽车后桥上的差速器模型,汽车两个后轮的转动就是由驱动齿轮的转动,经＿＿＿＿＿＿分解后而获得。此轮系具有以下特点:当汽车沿直线行驶时,两个后轮的转速＿＿＿＿＿＿;当汽车转弯时,两个后轮的转速不同,如向左转弯,则左边后轮转速＿＿＿＿＿＿,而右边后轮转速＿＿＿＿,可以保证汽车顺利行驶。

二、思考题

1. 斜齿圆柱齿轮传动的优缺点是什么？

2. 常用的间歇运动机构有哪些？

实验报告二 机械零件认识实验报告

班级_____ 学号_____ 姓名_____ 日期_____

一、填空题

1. 过盈配合连接是利用_____来达到连接目的的。
2. 常用的带轮有_____、_____、_____和_____等。
3. 常用的蜗轮有_____、_____、_____、_____等典型结构。
4. 轴瓦是滑动轴承的重要组成部分,常用的轴瓦可分为_____和_____两种结构。
5. 滚动轴承由_____、_____、_____和_____等四部分组成。
6. 柜中陈列的离合器有_____、_____和_____等三大类型。
7. 轴的种类很多,柜中展示有常见的_____、_____、_____、_____、_____。
8. 弹簧种类很多,但应用最多的是圆柱螺旋弹簧。按照载荷分,它有_____弹簧、_____弹簧、_____弹簧、_____弹簧四种基本类型。
9. 减速器的附件有_____、_____、_____、_____、_____、_____等。
10. 机器常用的密封装置可分为_____与_____两种,这里陈列的_____密封、_____密封模型,采用了接触式密封形式。

二、思考题

1. 陈列柜中展示的螺纹连接有哪几种类型?

2. 陈列柜中展示的键连接主要有哪几种类型?

3. 链轮是链传动的主要零件。柜中陈列有哪些不同结构的链轮？

4. 试说明齿轮传动的五种失效形式。

5. 试说明联轴器的基本类型。

实验报告三　柴油发动机拆装实验报告

班级＿＿＿＿＿＿　学号＿＿＿＿＿＿　姓名＿＿＿＿＿＿　日期＿＿＿＿＿＿

一、填空题

1. 柴油机是一种较复杂的机器,它由＿＿＿＿＿、＿＿＿＿＿、＿＿＿＿＿、＿＿＿＿＿、＿＿＿＿＿、＿＿＿＿＿、润滑系统、冷却系统、启动系统等组成。

2. 活塞在汽缸中做往复直线运动。依靠活塞上下运动,使汽缸容积改变,完成＿＿＿＿＿、＿＿＿＿＿、＿＿＿＿＿、＿＿＿＿＿等行程。在燃烧膨胀过程中活塞受到气体压力,通过＿＿＿＿＿推动＿＿＿＿＿旋转。

3. 连杆的作用是将＿＿＿＿＿和＿＿＿＿＿连在一起,将活塞受到的力传给曲轴,推动曲轴转动。

4. 曲轴依靠连杆传来的推力而旋转。曲轴的功用是＿＿＿＿＿＿＿＿＿＿＿＿＿＿＿＿＿＿＿＿＿＿＿＿。

5. 小功率柴油机大部分依靠＿＿＿＿＿＿＿＿＿、＿＿＿＿＿＿＿抵消旋转运行惯性力造成的振动。

二、思考题

1. 发动机的主要工作机构有哪些?

2. 汽油发动机和柴油发动机的区别是什么?

3. 说说柴油机有哪些主要零部件。

实验报告四　平面机构运动简图测绘实验报告

班级＿＿＿＿＿＿＿　学号＿＿＿＿＿＿＿　姓名＿＿＿＿＿＿＿　日期＿＿＿＿＿＿＿

一、填表

将机构运动简图及相关参数填入下表中。

机构名称	机构运动简图	比例尺 $\mu_L = $ (m/mm)	自由度计算	运动是否确定
1：			$n=$ $P_L=$ $P_H=$ $F=$	
2：			$n=$ $P_L=$ $P_H=$ $F=$	

续表

机构名称	机构运动简图	比例尺 $\mu_L = (m/mm)$	自由度计算	运动是否确定
3:			$n=$ $P_L=$ $P_H=$ $F=$	
4:			$n=$ $P_L=$ $P_H=$ $F=$	

机构名称	机构运动简图	比例尺 $\mu_L = $ (m/mm)	自由度计算	运动是否确定
5：			$n=$ $P_L=$ $P_H=$ $F=$	
6：			$n=$ $P_L=$ $P_H=$ $F=$	

二、思考题

1. 机构运动简图有什么用途？一个正确的机构运动简图应能说明哪些问题？

2. 绘制机构运动简图时,选择构件的不同瞬时位置会不会影响运动简图的正确性？为什么？

3. 机构自由度的计算对绘制机构运动简图有什么帮助？

实验报告五　机构运动方案创新设计实验报告

班级_____　学号_____　姓名_____　日期_____

一、机构结构设计

请按比例画出机构结构图，并标出尺寸。

二、机构尺寸设计

请画出机构运动简图,并标出尺寸。

三、计算自由度

实验报告六　渐开线齿轮参数测定实验报告

班级_____　学号_____　姓名_____　日期_____

一、测量与计算结果

齿轮齿数 z							
跨齿数 n							
公法线长度测量值		W_n	W_{n+1}	W_n	W_{n+1}	W_n	W_{n+1}
测量次数	1						
	2						
	3						
公法线长度平均值							
计算基圆节距($p_b = W_{n+1} - W_n$)							
模数（计算值）$\left(m = \dfrac{W_{n+1}-W_n}{\pi\cos\alpha} = \dfrac{p_b}{\pi\cos\alpha} \right)$	$\alpha = 20°$						
	$\alpha = 15°$						
与标准比较后取值	m						
	α						
变位系数 $\left(x = \dfrac{W_n - W}{2m\sin\alpha} \right)$							
分度圆直径（$d = mz$）							
齿顶圆直径 d'_a（测量值）							
齿根圆直径 d'_f（测量值）							
齿顶高系数 h_a^*	计算值						
	标准值						
顶隙系数 c^*							
齿顶圆直径 d_a（计算值）$(d_a = m(z + 2h_a^* + 2x))$							
齿根圆直径 d_f（计算值）$(d_f = mz - 2m(h_a^* + c^* - x))$							

二、思考题

1. 决定齿廓形状的基本参数有哪些?

2. 测量公法线长度时,游标卡尺的量爪若放在渐开线齿廓的不同位置上,对所测定的公法线长度 W_n 和 W_{n+1} 有无影响? 为什么?

3. 在测量顶圆直径 d'_a 和根圆直径 d'_f 时,偶数齿和奇数齿齿数的齿轮在测量方法上有什么不同?

实验报告七　渐开线齿轮展成实验报告

班级＿＿＿＿＿＿　学号＿＿＿＿＿＿　姓名＿＿＿＿＿＿　日期＿＿＿＿＿＿

一、齿轮尺寸计算和比较

正变位系数: $x＝$

名称	计算公式		计算结果			结果比较（与标准齿轮比较）
			$m＝8\ mm$ $z＝20$	$m＝16\ mm$ $z＝10$		
	标　准	变　位	标　准	标　准	正变位	正变位
分度圆直径 d						
基圆直径 d_b						
齿顶圆直径 d_a						
齿根圆直径 d_f						
分度圆节距 p						
分度圆齿厚 s						
分度圆齿间距 e						
齿顶厚 s'_a						
基圆齿厚 s_b						
齿全高 h						
齿根高 h_f						
齿顶高 h_a						

二、思考题

1. 附上所描绘的齿廓图,在图上注明各个圆的直径,用彩色笔描出齿廓曲线的根切段。

2. 根切现象是如何产生的? 如何避免? 如何通过图形判断在齿轮上是否会发生根切现象?

实验报告八　轴系结构设计实验报告

班级＿＿＿＿＿＿＿　学号＿＿＿＿＿＿＿　姓名＿＿＿＿＿＿＿　日期＿＿＿＿＿＿＿

一、实验内容

实验题号：
已知条件：

二、实验结果

1. 轴系结构设计说明（说明轴上零件的定位固定，滚动轴承的安装、调整、润滑与密封方法）

（1）根据齿轮类型选择滚动轴承型号：

（2）确定支承轴向固定方式：

（3）根据齿轮圆周速度确定轴承润滑方式：

（4）选择端盖形式并考虑透盖处密封方式：

（5）考虑轴上零件的定位与固定、轴承间隙调整等问题：

2. 轴系结构装配图（示意简图）

实验报告九　圆柱体塞规外径尺寸测量实验报告

班级＿＿＿＿＿＿　学号＿＿＿＿＿＿　姓名＿＿＿＿＿＿　日期＿＿＿＿＿＿

一、实验设备参数

(1) 仪器名称：＿＿＿＿＿＿＿＿＿。　　刻 度 值：＿＿＿＿＿＿＿＿ mm。

　　指示范围：＿＿＿＿＿＿＿＿ mm。　　测量范围：＿＿＿＿＿＿＿＿ mm。

(2) 塞规代号：＿＿＿＿＿＿＿＿＿。　　制造公差 $T=$＿＿＿＿＿＿＿＿ μm。

　　位置要素 $Z=$＿＿＿＿＿＿＿＿ μm。　　形状公差 $T/2=$＿＿＿＿＿＿ μm。

　　最大极限尺寸＝＿＿＿＿＿＿ mm。　　最小极限尺寸＝＿＿＿＿＿＿ mm。

　　磨损极限尺寸＝＿＿＿＿＿＿ mm。

(3) 量块组尺寸＝＿＿＿＿＿＿ mm。

二、测量数据与结论

将测量数据填入下表。

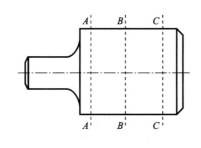 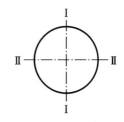

测量部位		指示表读数/μm	实际尺寸/mm
$A-A$	Ⅰ－Ⅰ		
	Ⅱ－Ⅱ		
$B-B$	Ⅰ－Ⅰ		
	Ⅱ－Ⅱ		
$C-C$	Ⅰ－Ⅰ		
	Ⅱ－Ⅱ		

合格性与可用性判断：

　　(提示:测得的实际偏差在极限偏差之外,则量规不合格,但若只超出最小极限尺寸而未超出磨损极限尺寸,则量规可用。)

实验报告十　导轨直线度误差的测量实验报告

班级_____　学号_____　姓名_____　日期_____

一、实验设备参数

（1）仪器名称：_____。刻度值：_____。

（2）被测件长度＝_____ mm，分为 _____ 段 _____点。

（3）桥板跨距＝_____ mm。

二、测量数据

测量点序号		0	1	2	3	4	5	6	7
仪器读数/格	1	—							
	2	—							
	平均	—							
相对差的简化 $\Delta a_i(=a_i-a)$/格		0							
累积值 $\sum \Delta a_i$/格		0							

三、作图与计算

根据作图法得出直线度误差为

$f =$ ＿＿＿＿＿格 ＿＿＿＿＿ μm

实验报告十一　齿轮齿厚偏差测量实验报告

班级_____　学号_____　姓名_____　日期_____

一、实验数据

1. 已知数据。

<table>
<tr><td rowspan="3">被测齿轮

参数</td><td>模数 m</td><td>齿数 z</td><td>压力角 α</td><td>变位系数 x</td><td>等级和齿厚上、下偏差</td></tr>
<tr><td></td><td></td><td></td><td></td><td></td></tr>
<tr><td></td><td></td><td></td><td></td><td></td></tr>
<tr><td rowspan="2">所用仪器</td><td>名　　称</td><td>测　量　范　围</td><td colspan="2">刻度值</td></tr>
<tr><td></td><td></td><td colspan="2"></td></tr>
</table>

齿顶圆实际半径 $r'_a =$ _____；

齿顶圆公称半径 $r_a =$ _____；

分度圆弦齿高公称值 $h_f =$ _____；

分度圆弦齿厚公称值 $s_f =$ _____；

分度圆弦齿高实际值 $h'_f = h_f - (r_a - r'_a) =$ _____；

齿厚上偏差 $E_{ss} =$ _____；

齿厚下偏差 $E_{si} =$ _____。

2. 齿厚测量数据。

$s'_{f1} =$ _____；

$s'_{f2} =$ _____；

$s'_{f3} =$ _____。

二、计算与判断

1. 计算齿厚偏差。

$E_{s实1} = s'_{f1} - s_f = $ _____，

$E_{s实2} = s'_{f2} - s_f = $ _____，

$E_{s实3} = s'_{f3} - s_f = $ _____。

2. 合格性判断：

实验报告十二 齿轮公法线变动量及公法线平均长度偏差的测量实验报告

班级_____ 学号_____ 姓名_____ 日期_____

一、公法线平均长度偏差测量

1. 公法线平均长度偏差的测量数据(可取相隔大约 120°角处三条公法线的实际长度进行计算):

$W_1 = $ _____ mm；

$W_2 = $ _____ mm；

$W_3 = $ _____ mm。

2. 公法线平均长度偏差计算:

$$W_{平均} = \frac{W_1 + W_2 + W_3}{3}$$

$$= \underline{\hspace{4cm}} \text{mm}$$

$$E_{wm} = W_{平均} - W$$

$$= \underline{\hspace{4cm}} \text{mm}$$

$$= \underline{\hspace{3cm}} \mu\text{m}$$

3. 合格性判断:

二、公法线变动量测量

1. 已知(或通过查表、计算而得到的)数据。

被测齿轮	模数 m	齿数 z	压力角 α	变位系数 x	等级和齿厚上、下偏差
参数					
所用仪器	名 称		测 量 范 围		刻度值

跨齿数 $n=$ _____,公法线长度 $W=$ _____ mm。

公法线变动公差 $E_w=$ _____ μm(查表)。

公法线平均长度上偏差 $E_{wms}=$ _____ μm。

公法线平均长度下偏差 $E_{wmi}=$ _____ μm。

2. 公法线变动量的测量数据。

齿序	读数	齿序	读数	齿序	读数
1		7		13	
2		8		14	
3		9		15	
4		10		16	
5		11		17	
6		12		18	

(1) 计算：

公法线变动量 $E_{bn}=$ _____ μm

(2) 合格性判断：

实验报告十三　减速器结构分析及拆装实验报告

班级_____ 学号_____ 姓名_____ 日期_____

一、减速器传动示意图

二、装配要求测定

减速器名称		
测　量　项　目		测量值
侧隙 (j_n)	高速级齿轮	
	低速级齿轮	

三、减速器各主要部分的尺寸与参数的测量结果

1. 减速器箱体尺寸测量结果。

序号	名　　称	尺寸/mm
1	地脚螺栓孔直径	
2	轴承旁连接螺栓直径	
3	箱盖与箱座连接螺栓直径	
4	观察孔螺钉直径	
5	箱座壁厚	
6	箱盖壁厚	
7	箱座凸缘厚度	
8	箱盖凸缘厚度	
9	轴承座连接螺栓间的距离	
10	地脚螺栓间距	

2. 减速器的主要参数。

齿数	齿轮类型	小齿轮		大齿轮
	高速级	$z_1 =$		$z_3 =$
	低速级	$z_2 =$		$z_4 =$
传动比		高速级 i_1	低速级 i_2	总传动比 i
中心距		高速级 a_1	低速级 a_2	总中心距 a_1

3. 减速器主要零部件作用。

名　称	用　途
通气器	
油标	
放油螺塞	
定位销	
起吊装置	

参 考 文 献

[1] 陈秀宁.现代机械工程基础实验教程[M].北京:高等教育出版社,2002.

[2] 陈国储.小型柴油机结构使用维修图解[M].北京:机械工业出版社,1994.

[3] 王文民,王树杰.新编小型柴油机使用维修[M].北京:机械工业出版社,2002.

[4] 吕恬生,沈乃勋.机械原理实验技术[M].上海:上海科技文献出版社,1988.

[5] 郑文伟.机械原理实验指导书[M].北京:高等教育出版社,1989.

[6] 朱文坚,黄平.机械设计课程设计[M].2版.广州:华南理工大学出版社,2004.

[7] 李柱国.机械设计与理论[M].北京:科学出版社,2003.

[8] 姜恒甲,齐治国.机械设计实验[M].大连:大连工学院出版社,1988.

[9] 何秀如.机械零件实验指导书[M].南京:东南大学出版社,1992.

[10] 黄平,朱文坚.机械设计基础:理论、方法与标准[M].北京:清华大学出版社,2012.

[11] 黄镇昌.互换性与测量技术[M].广州:华南理工大学出版社,2009.